U0609101

怎样了解别人的心理

怎样让自己摆脱心理困境，怎样洞悉他人需求，

是每个人生存的必修课。

悄悄成为
心理专家

张宜宁◎编著

吉林出版集团股份有限公司

图书在版编目（CIP）数据

悄悄成为心理专家 / 张宜宁编著. — 长春 : 吉林
出版集团股份有限公司, 2018.7
ISBN 978-7-5581-5554-3

Ⅰ.①悄… Ⅱ.①张… Ⅲ.①心理学—通俗读物
Ⅳ.①B84-49

中国版本图书馆CIP数据核字(2018)第155699号

悄悄成为心理专家

编　　著	张宜宁	
总　策　划	马泳水	
责任编辑	齐　琳　史俊南	
封面设计	中易汇海	
开　　本	880mm×1230mm　1/32	
字　　数	200千	
印　　张	10	
版　　次	2019年10月第1版	
印　　次	2019年10月第1次印刷	

出　　版	吉林出版集团股份有限公司	
电　　话	（总编办）010-63109269	
	（发行部）010-67482953	
印　　刷	北京欣睿虹彩印刷有限公司	

ISBN 978-7-5581-5554-3　　　　定　价：42.00元

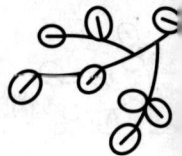

前言

　　心理学是一门探索心灵奥秘、揭示人类自身心理活动规律的科学，它的研究及应用范围涉及与人类相关的各个领域，如教育、医疗、军事、司法等，对人的生活有着深远的影响。

　　心理学包含很多方面，要想在生活中畅游，就需要人们了解各种心理定律在生活中的出现，懂得如何生活才会让自己真正快乐。生活中到处都存在着心理动向，然而你需要将其了解透彻，不然的话，你就会被生活压得喘不过气。要知道生活的意义，使自己的内心更加地轻盈、平稳，在生活中做一个心理专家。

　　现在的社会是需要我们掌握心理规律的，只有真正了解其中的法则才可以将自己定位好，让自己真正在工作中发挥自我价值。就算是在工作的场合，也能体会到心理所产生的作用，发现并予以应用，让自己做到最好。事实上，每个人都会下意识地做出一些行为，而这些行为是最真实的，是来自内心的。这些不容易造

假的肢体动作，又蕴藏了一个怎样的内心，只有看懂了这些动作，才会更容易了解到每一个人的心理情况。每一个表情的做出都是有一定意义的，而且这些表情的微小变化，可以使你了解他的内心想法。

这本书可以使你成为一个真正的心理学家。本书从不同的层面向你介绍了怎样了解别人的心理，使你能从很多的方面来分辨他人的心理。全书将心理学知识与实际应用结合起来，内容全面，系统性强，语言精练，化繁复为简约，化晦涩为明了，化深奥为通俗，集科学性、知识性与实用性于一体，让你一本书读通心理学。

在当今这个复杂的社会里，想要有所成就，人们有必要对心理学有一个深层次的了解，而《悄悄成为心理专家》就可以让你在职场和生活中游刃有余，能够把你塑造成一个心理大师。阅读本书，你将可以轻松掌握心理学，系统而全面地了解和应用心理学的知识及技巧，轻松解决生活中出现的各种心理问题，从而拥有健康的身体、和谐的家庭、满意的工作、融洽的人际关系、完美的心态和幸福的生活，让你充满智慧，成就梦想，改变生活。

目录

第三章　行为心理，发现人们的内心诉求

第四章　性格心理，塑造真实的自我

第五章　自我心理：积极地锤炼自己卓越的才能

目录

第六章 社交心理：与人和谐共处有方法

第七章 成功心理：发挥好自己的创造力

目录

第八章　营销心理，让企业的产品一销而空

第九章　职场心理，激发员工的热情

目录

第十章 男女性心理：男人和女人之间的差异

第十一章 婚姻心理：爱情需要尊重和理解

第十二章　教育心理：孩子成长与家庭的紧密联系

目录

第十五章　中老年期的主要心理问题及调适

第一章

情绪心理，找准人的痛苦和快乐的根源

要学会调节自己的情绪

当你拿到大学录取通知书的那一刻，你兴奋不已，甚至彻夜难眠；当你的亲人突然离你而去时，你痛苦不堪，万念俱灰；当你和恋人约会时，你内心激动不已，满是甜蜜；等等。在某一时刻或情境中，我们内心总会经历不同的情绪体验，或高兴或悲伤，或快乐或痛苦。我们享受着亲人、朋友带给我们的快乐，体验着购物或欣赏电影带给我们的愉悦，同样也会因为别人的误会而感到委屈，甚至会因为无意间伤害了别人而懊悔不已。

在我们每天的生活中，总会有这样或那样的事情让我们的情绪不断地发生着变化。当我们的需要得到满足的时候，我们就会产生一种快乐的情绪体验；当我们的需要得不到满足时，就会产生消极的情绪体验。从马斯洛的需要层次理论来说，这种需要不仅仅指物质层面的需要，同时也包括精神层面的需要，如关怀、尊重、爱、归属、自我实现等的需要。

通常情况下，我们将情绪分为积极情绪和消极情绪，高兴、快乐、喜悦等属于积极情绪，而愤怒、害怕、生气、难过等则属于消极情绪。

现代科学也进一步证明，情绪可以通过大脑对我们的心理活动以及全身的生理活动都产生影响。马克思曾说过："一种美好的心情比十服良药更能解除生理上的疲惫和痛楚。"相关的研究也表明，积极情绪可以使人体内的神经系统、内分泌系统的自动调节机能处于最佳状态，有利于促进身体健康，也有利于促进人的知觉、记忆、想象、思维、意志等心理活动，从而使我们的心理处于健康和谐的状态之中。而当人的情绪有所波动、处于消极的情绪状态的时候，就会对生理机能产生一定的影响，从而导致疾病的发生。医学专家根据大量的病例分析证明，消极恶劣的情绪会引起免疫能力下降、体力过度消耗等生理上的变化，进而影响到我们心理的健康状况。而且那些精神上长期处于忧郁状态的人，肠胃系统的功能会受到影响，因为情绪抑郁会使胃肠蠕动和消化液的分泌受到抑制。据说，人在愤怒的时候 1 小时的体力与精神的消耗，相当于加班 6 小时以上的消耗。

因此，我们应该学会调节自己的情绪状态，尽量避免消极情绪所带来的危害。现在，我们越来越觉得快乐少了，烦恼多了。只要你用心寻找，快乐其实很简单。哪怕是一件微不足道的小事都可以成为我们快乐的源泉，下面是一些人总结的能够让人感到快乐的小事。

一是遵从你的内心。选择做对你有意义并且能让你快乐的事情，不要为了顾及人情或别人的期待去做一些事。

二是多和朋友们在一起，不要被日常工作缠身。亲密的人际关系，最有可能为你带来幸福。

三是简单生活。更多并不代表更好，放慢节奏，简化生活。用不化妆省下的 30 分钟在花园里行走，用步行代替拥挤的公交车，亲手做一顿简单的菜肴而不去饭馆跟朋友觥筹交错。

四是有规律地锻炼。体育运动是你生活中重要的事情之一。每周只要 3 次，每次只要 30 分钟，就能大大改善你的身心健康状况。

五是睡眠。虽然有时"熬通宵"是不可避免的，但每天 7 到 9 小时的睡眠是一笔非常棒的投资。这样，在醒着的时候，你会更有效率，更有创造力，也会更开心。

六是给予。当我们帮助别人时，我们也在帮助自己；当我们帮助自己时，也是在间接地帮助他人。

七是勇敢。勇敢并不是不恐惧，而是心怀恐惧，依然向前。

八是感恩。记录他人的点滴恩惠，始终保持感恩之心。每天或至少每周一次，请你把它们记下来。

情商与智商的作用

通常我们说一个人聪明是指这个人智商高，这里的智商是经典智商。经典智商崇尚理性思维，理性思维对科技的发展和人类的进步有重要意义。然而弗洛伊德心理学让我们领悟到，除了理性思维之外，非理性的思维方式对我们来说也非常重要。非理性的思维则体现了情感智商的价值。

"情感智商"又称"情商"，最初由美国著名管理学家丹尼尔·戈尔曼在其专著《情感智商》中提出。戈尔曼认为对一个人的成功起决定性作用的因素中智商只占20%，情商占80%。情感智商指人在情绪、情感、意志、耐受挫折等方面的品质。它是一个复杂的整体，包括行为、能力、信仰以及能使人们实现梦想和使命的价值观。情商决定我们的情绪、感觉，影响我们的行为和精神状态，在社交中帮助我们识别出别人的情感，指引我们建立良好的人际关系。情商意味着通过与你周围的环境相互作用，使你能够完成你的目标和使命。

丹尼尔·戈尔曼在《情感智商》中提到了诸如坚定的意志、自信、热情和自我激励，等等。这些因素其实与你的情感状态紧密相连。如果你的情商较高，那么你就能获得坚定的意志、自信、热情和自我激励的能力。耶鲁大学的教授彼得·萨罗维对情感智商的定义，则在这些特征的基础上增加了自我意识和移情作用。所谓"移情作用"就是同理心，认同和理解别人的处境、情感和动机的能力。移情作用能够让你学会"阅读"某人的情感状态，并利用这一信息来更好地与别人相处。

情商高低的不同表现

情商高的人	情商低的人
自信	自卑
勇敢	怯懦
善于沟通	拒绝沟通
喜欢赞美别人	惯于批评和嫉妒
心胸开阔	心胸狭窄
信任别人	生性多疑
乐于配合	不善与人合作
容易接纳	排斥
积极乐观	抗拒

很多时候，人们不能很好地控制自己的情绪。正如亚里士多德所说：任何人都会生气，这说起来非常容易，但是要能做到以适当的方式，为了正当的目的，在适当的时间，掌握适当的分寸，对恰当的对象生气，那可就不是那么简单的事情了。有时，人们在需要控制自己的情绪时却大发脾气；有时，人们在需要坚定的意志力时却不堪一击。

情商对人的工作、生活都非常重要，它会影响人的一生。孩子如果没有受到良好的情感教育，就会变得自卑、怯懦，甚至封闭自己的情感，不敢与别人交往。婚姻生活中，如果不控制自己的情绪，不考虑对方的感受，可能会导致婚姻破裂。父母如果不顾孩子的感受，把自己的意志强加在孩子身上，就会激起孩子的怨恨。在职场中，情商往往决定一个人的录取和晋升。公司中，如果一味展现自己的聪明，不与同事进行情感沟通，就不能得到

别人的尊重。企业领导者如果总为自己考虑，对员工随意批评，就会失去员工的信任。

如果你的智商很高，情商却很低，那么你有可能取得很高的学位，但是很难在团队中发挥自己的作用。因为在团队中，情商发挥着重要的作用。不能控制自己的情绪，不会换位思考的人很难在团队中赢得尊重和支持。相反，如果你的智商不高，情商很高，那么你很可能会取得事业的成功。如果你有较高的情商，你就能够妥善处理各种关系。你能够控制自己的情绪，既不伤害别人，也不被人伤害。你有充分的自信，能够得到别人的认可和赞美。你在人群中很有影响力，在与人交往过程中，你总是掌握主动权。因此，在现实社会中，有些人并不是很聪明，但是他们却能够取得成功。

虽然我们强调情商的作用，但并不是贬低智商对成功的影响。智商与情商是相辅相成、密不可分的。如果你的智商很高，那么高情商可以使你更充分地发挥智商的作用。古今中外的所有成功者，无论是革命家、思想家，还是作家、艺术家、科学家、企业家，都是高智商与高情商的完美结合。比如：诸葛亮既能运筹帷幄、决胜千里，又能妥善处理与将士以及百姓的关系，在一千多年后的今天还能赢得人们的尊敬。周恩来总理是伟大的无产阶级革命家、政治家。新中国成立后，他担负处理党和国家日常事务的同时还制定外交政策，他是国际著名的外交家，也是爱民如子的好总理。科学家居里夫人在艰苦的环境中凭借顽强的精神和对工作的热忱发现了镭，却毫无保留地公布了镭的提纯方法。

笑是一种缓解紧张状态的方法

笑可以说是我们生活中最常见的现象了，我们每天都可以看见很多种不同的笑，如孩子纯真的笑、老人仁慈的笑、父母关心的笑、老师和蔼的笑，等等。可是，你有没有想过我们为什么会笑呢？对于这个看似简单的问题，我们却知之甚少。

据科学家称，在所有的生物中，只有人类和一部分猴子会笑，其他的生物都不具备笑的能力。来自心理学的研究表明，大约从出生的第八天开始婴儿就会笑。心理学家认为，笑是婴儿简单乐趣（如食物、温暖、舒适）的第一个表示。耶鲁大学心理学副教授雅各布·莱文博士说，婴儿在他们六个月到一岁之间就学会了对事物发笑的本领。尽管我们笑的本领在生命的最初就已经习得，却是在以后一生的时间里来完善。

美国马里兰大学的心理学家普罗文对笑进行了长达十年的研究。他发现，笑最初只是人类祖先在游戏时，互相胳肢所产生的生理反应。当时，人们发出的是一种"呼呼"的喘气声，经过长时间的演变才逐渐成为现在的"哈哈"大笑。随着人类变得越来越聪明，也赋予了笑一定的社会功能，比如笑能够加强社会中人与人之间的联系，在人际交往中起到润滑剂的作用。有研究表明，人们在分享一个笑话时，会增加他们之间的友情。牛津大学的罗宾·邓巴第一次发现，笑能增加人体内的内啡肽，而这种物质被称为是我们身体里的一种天然的"鸦片"，能让人感到非常快乐。不过，也有专家指出，人自然而然的笑与在谈话中感觉窘迫和紧张时的笑是不同的，前者是发自内心的，而后者则是被迫的，受到社会环境的操控。

对于人类为什么会笑的问题，美国精神病学家 V. S. 拉马

钱德兰在其著作《大脑？还是幽灵？》中进行了这样的描述："当发生意想不到、需要提高警惕的事情时，人会紧张起来；但当弄清楚情况后，如果这件事情对自己没有威胁，人就会笑出来。"美国的拉玛昌达拉医生也对人类笑的原因进行了研究和探索。他认为，当你预感到有某种结果出现的时候，而事实上却并非如此，结果与你预想的大相径庭，这时候可能你会发笑，你通过笑来告诉周围的人，你所预想的结果只是"假警报"。拉玛昌达拉医生是在诊治一名患怪病的印度妇女时，发现这种被称为"假警报"的现象的。他用一根针触击这名妇女的皮肤时，她竟然会"哈哈"地笑个不停。拉玛昌达拉医生认为，对于一个正常人来说，皮肤接受的疼痛信号会被送到大脑中，相应的部分就会对疼痛做出反应，紧接着这一信息传到大脑中的感觉中心，最后就会产生疼痛的感觉。但是对这名妇女来说，针触击的这种疼痛的信息只在大脑的疼痛中心而未传到感觉中心，疼痛中心和感觉中心的联系被异常地切断了。因此她感觉不到剧痛，大脑只能将其解释为"假警报"，于是便"哈哈"大笑了。

比如，你走在街上，迎面走来一个凶神恶煞、怒气冲冲的人，这时你不由得紧张起来，于是你用双手紧紧地护着自己的包，你以为这个人是抢劫的。可是，当他走到你面前的时候，只是向你打听去某个地方的路线。这时紧绷的神经终于放松下来，想到自己刚才紧张的心情你不由得暗自发笑。刚才出现的那个凶神恶煞的人原来只是一个"假警报"而已，当这个"假警报"被解除了之后，我们就会不由自主地发笑。也就是说，当我们意识到某种危险存在的时候，就会不由自主地紧张起来，但是当发现原来危险并不存在，只是自己虚惊一场而已，就会不由自主地笑出来。在心理学中对这种状况进行了解释，认为"笑是一种缓解紧张状态的方法，通过笑我们能够达到心理上的平衡"。

愤怒是保护我们的自尊情感

笑是一种让人愉快的情绪，而愤怒则不然。生活中，我们发现自己会为鸡毛蒜皮的小事而发怒，但是你有没有想过自己为什么会发怒呢？

从心理上说，愤怒是一种能够进行自我保护的反应。当对我们有价值的事物受到威胁时，为了维系生活的平衡，我们就会产生一种愤怒的情绪从而达到自我保护的目的。比如，你非常喜欢自己的女朋友，觉得她在你的生命中占据很重要的位置，你觉得她对你有很重要的价值。但是某一天，你突然发现她背着你和别人在一起了。此时除了愤怒之外没有什么能够表达你的心情了，你伤心、难过，甚至觉得在朋友面前很难堪，但是为了掩饰自己比较脆弱的一面，你表现出一种强势的愤怒情绪，实际上这也是在进行自我保护。因为我们为保护我们的利益而愤怒，为争夺有价值的东西而愤怒。而且往往在大多数情况下，有一方会做出妥协，这样就避免了冲突的发生，保护了自己。这就是愤怒作为一种保护自我的手段的运作机制。

说到这里，也许有人会问为什么有些人不容易发怒，而有些人很容易发怒呢？对此的一种解释是随着我们生活水平的提高，生命已经有了足够的保障，不会因为少吃一顿饭就饿死，也不会因为缺少某一样东西而无法生存，能够引起我们生气的因素相对变少了。当然这并不是说这些人就不会生气，当有些事情触犯了自己的利益时还是会愤怒的。

心理学家认为，人有一种被称为"自尊情感"的情绪，这种情绪和愤怒有密切的关系。所谓自尊情感就是人认为自己有价值的一种感觉，可能和我们平时所说的"自尊心"有点相似，但是

却不是一回事。实际上，愤怒是保护我们的自尊情感的一种行为。比如，你听到别人对你说"你身上一无是处""你活在这个世界上简直是一种祸害""你简直糟糕透顶"之类的话时，你的自尊情感就会受到很大的伤害。出于对自尊情感的保护，我们就会愤怒。但是，自尊情感高和自尊情感低的人对此的反应是不同的。若一个自尊情感高的人面对别人的侮辱时，他们能够宽容对待，因为不管别人说什么，都不影响他们对自己的评价，因此也不会产生愤怒的情绪。相反，一个自尊情感低的人则会很在乎别人对自己的看法，他们需要从别人的肯定和尊敬中获得自己的自尊情感，因此，当面对别人对自己不恰当的评价或侮辱时，就会很愤怒。从这一点看来，自尊情感的高低和自尊心的高低刚好是相反的。一般情况下，一个自尊心高的人面对别人的侮辱和怀疑是很容易愤怒的，而一个自尊心低的人则会抱着无所谓的态度。因此，我们应该试图提高自己的自尊情感，冷静地审视自己，发现自己身上值得尊敬的地方。要学会尊敬自己，然后才能从别人那里得到更多的尊敬，只有这样才不会因为一点琐碎的事情而愤怒了。

知足才能真正常乐

一次，学生们怂恿苏格拉底到繁华的集市上走一遭，因为那里的物品实在是太丰富了，如果不去欣赏一下就太可惜了。苏格拉底耐不住劝说，就去逛了一番。集市中琳琅满目的商品果然令他大开眼界，然而苏格拉底慨叹道："世界上竟然有那么多我不需要的东西。"这就是苏格拉底与普通人的不同之处——常人肯定考虑的是自己想要拥有其中的哪些，可苏格拉底恰恰相反，在他眼中，自己的生活已经是富足的了，所以，集市中的东西即使再好也与自己没有什么关系了。

正因为苏格拉底心中没有这种匮乏感，所以他的心里才是快乐的。正所谓知足常乐，相反，自己想要拥有什么却又得不到就会产生苦恼。当然，知足常乐和安于现状、不思进取是两回事，知足的根本在于对自己此时的拥有怀有一份感恩之心。

有个事例讲的是一个人因为贫穷买不起鞋穿而感到很苦恼，可是有一天他忽然见到一个没有脚的人，这才陡然感觉到自己是多么的幸福。他知道，相对于拥有健全的肢体，穿的衣服破一点又有什么关系呢？

还有一个经常被讲述的故事，说一个老大娘有两个女儿，大女儿卖草帽，二女儿卖雨伞，晴天的时候老大娘就替二女儿担忧，因为晴天雨伞就不好卖了；而雨天的时候老大娘又为大女儿发愁，因为雨天草帽就没人买了。有人劝慰她换一个角度来想，晴天时就想着大女儿的生意好，而雨天时则想着二女儿的生意好，这样，不论是晴天还是雨天，老大娘就都会为女儿感到高兴了。

事情并没有变化，但是看待事情的角度变了，人的情绪就随之改变。我们要因为自己的拥有而心怀感激，而不应当因为自己的缺乏而抱怨。这样，才可以常享快乐的人生。

苏轼在《赤壁赋》中说："且夫天地之间，物各有主。苟非吾之所有，虽一毫而莫取。惟江上之清风，与山间之明月。耳得之而为声，目遇之而成色。取之无禁，用之不竭，是造物者之无尽藏也，而吾与子之所共适。"以苏子之达观，怀知足之心，则何匮之有呢？

快乐不是因为拥有得多，而是因为想要的少。占有再多只能体验到一时的快乐，而无穷的欲望仍然会折磨贪求的心。知足才能真正常乐。

幸福也是一样，当你不是总在想自己是否幸福的时候，你就是最幸福的。

有一个知名的企业家，事业取得了辉煌的成功，却突然被检查出自己患了癌症，此时，他蓦然发现，自己这些年来在社会上奔波辗转，虽然取得了常人难以想象的成功，自己也为此感到骄傲，但是从未用心体验过幸福，于是他决定在生命最后的日子里，抛弃一切世俗的纷扰，再无利害得失之心，而只一心平静地过着安乐的生活。不久之后，他在复查时发现，自己竟然神奇般地痊愈了。他在追求一切的时候，其实得到的只是外在的富有，而在放下了一切的时候，才获得了内在的富足，才获得了真正的幸福。

这个故事讲述的就是关于幸福的定律：当你不去在意自己究竟是否幸福的时候，你就走进了幸福之中，正所谓"有心栽花花不开，无心插柳柳成荫"。

为什么会有这种欲求而不得，不求而反获得的事情呢？很多人有过这样的体验，就是在某种情况下，越是强制自己集中注意力，注意力却越是无法集中，而放松下来则常常会自然地投入进去。关于幸福感也与此相似。

其实，人们在心里刻意地惦记着的幸福都是由于不满足而产生的，而不满足则会促成一种焦虑感和失落感，这种焦虑和失落的心理正是破坏幸福感的基本因素。

有句俗语叫作"身在福中不知福"，人们习惯于将身边的一切看得平常，即使它很好，也浑然不觉；即使它很坏，也能够平静地承受。但并不是每个人都甘于现状，有些人认为自己当下的生活是不幸福的，而一心汲汲于对幸福的追求。可是这些人往往只是将幸福作为一种结果来看待，忽视了真正的幸福并不在于追求到了什么样的结果，而是收获于生活的过程本身。

没有痛苦就无从体会快乐

《红楼梦》第三十一回中，林黛玉曾说："人有聚就有散，聚时欢喜，到散时岂不冷清？既清冷则伤感，所以不如倒是不聚的好。比如那花开时令人爱慕，谢时则增惆怅，所以倒是不开的好。"俗话说，"千里搭长棚，天下没有不散的筵席"，热闹只是短暂的，而冷清却是常态，所以林黛玉对于欢聚有着一种抵拒的态度。人生就是这样，欢乐之时少，而悲苦之日多。

人们这种痛苦的感受其实并不仅仅是时间长短造成的，更主要的是心理原因——对于悲苦，人们有着更为强烈的感受；而对于欢乐，虽然一时的感触也会很深，但总是不如痛苦所留下的印痕那样深。

人似乎天然地具有咀嚼痛苦的偏好，而且这种心理取向是不由自主的。虽然每个人都不喜欢去回味痛苦，可是偏偏痛苦的情境会经常地浮现于脑际，给自己带来深深的困扰。

陆游与表妹唐琬彼此深爱，但不幸被母亲拆散。此后，两人只在沈园见过一次面，不久之后唐琬即抑郁而终，而这也给陆游留下了无尽的伤感，直到晚年也不能有丝毫的忘怀，曾经多次作诗来表达心中的这份苦楚："梦断香销四十年，沈园柳老不吹绵。此身行作稽山土，犹吊遗踪一泫然。"读来令人万分感慨。而南唐后主李煜在被俘之后也久久地沉湎于亡国之痛，极其悲怆地吟唱着："多少恨，昨夜梦魂中……"

还有祥林嫂，她的后半生几乎一直沉浸在失子之痛中。难道她的人生真的就没有一点快乐可回忆吗？当然不是。而是那痛苦实在不容易让她忘记，渐渐地她竟忘记了还有快乐这一种感受。

通过这些事例可以看出，强烈的痛苦情绪是会影响人的一生

的，而却很少有人能够把某件乐事记一辈子。这就是快乐不对称定律。

快乐和痛苦如此不对称，那是不是就意味着要一味地沉沦于痛苦之中呢？像祥林嫂一样，在痛苦中变成一个怨妇？当然不能。既然我们无法回避伤心和痛苦的事，那么让自己在经历这些伤心和痛苦后尽快开心起来就是非常重要的了。

这其实也是快乐不对称定律给我们的启示。真正的快乐其实正是源自对痛苦的领悟，没有痛苦我们也无从体会快乐。我们只有正确地面对痛苦，理智地剖析它，肯定应该肯定的，否定应该否定的，只有这样我们才能学会放弃，才懂得珍惜，才能记住该记住的，忘记该忘记的，才能让痛苦成为人生的一种财富、一段经历、一份回忆、一种领悟。

对孤独正确的认识

当一个人独处的时候，往往会感到孤独，可是，当自己与他人共处的时候，也未必就不会孤独。因为孤独更重要的不是指一种客观的生活状态，而是指一种主观的心理感受。置身繁华之中，心中或未能免于凄凉；而茕茕只影，心里也并非就一定是落寞的；长期在一起，甚至有着亲密的身体接触，可心灵无法沟通，造成的孤独感更强。

就本质而言，孤独是一种因为无法与他人展开正常的思想交流而产生的苦闷，是一种因为得不到他人对自己内心世界的深入理解而产生的困惑。因为这样的苦闷和困惑，会让自己觉得在心灵的境地中，只有一个孤零零的身影，没有人理会，自己也寻找不到其他的人为伴。

这一点在城市人群中更加明显。在拥挤不堪的都市、无处不在的生存和竞争压力以及人际关系的日渐淡漠中，无论是青少年、老人、事业成功的白领，还是普通外来务工人员，都面临被"孤独综合征"席卷的危险，个性变得孤僻消极。现代都市的拥挤、社会竞争的加剧、生存压力的加大以及信息的泛滥、戴着面具的职业角色以及单门独户、封闭的现代居住方式等是诱发孤独综合征的根本原因。

孤独综合征症状的个体差异性很大，但通常都会在孤独感产生后出现情绪低落、忧郁、焦虑、失眠等不健康状态。不过，有一点需要澄清，就是孤独综合征不同于孤独症，前者是因孤独而产生的心理综合征，后者被医学和教育界认为是一种精神残疾的心理疾病，即自闭症。

孤独综合征其实和自闭症是完全不同的两个概念，所以，城市孤独者们不管多孤独都不必怀疑自己患上了孤独征，心理综合征只要稍加调节就会恢复正常的，这就需要我们对孤独有一个正确的认识。

事实上，一个人的内心深处是很难被另外的人所真正理解的，而且人的精神世界越丰富就越是如此。常言道，人生得一知己足矣。所谓知己，也就是超越了那些泛泛的表面的了解而能够潜入深处真正感知到自己心灵的人。这在于常人，或许还不难寻到，可是如果一个人的心地颇为渊深，那就不容易逢到知己了。伯牙摔琴谢知音，讲的就是这个道理。知音已无，自己高妙的琴声又有谁能够欣赏？既然连能够领会其妙处的人都没有了，那么自己抚琴又去给谁听，又还有什么意义呢？

在《庄子》一书中有这样一则故事，楚国都城郢有两个匠人，一次在做活的时候，有一滴泥浆落在了一个匠人的鼻子上，他要用手去拂掉，可是另一个匠人却说："让我来帮你。"说完

他就举起斧子飞快地落下，再一看，泥浆被削得一点儿都不见了，可是鼻子却丝毫都没有受伤。后来有人令他再表演一次这样神奇的技术，可是他却说："我固然还有这样的技术，可是我的对手已经不在了，所以是无法进行表演的。"也就是说，另一方只有对他怀有充分的信任才会很好地配合，任凭多么锋利的斧子削下来，都会毫无惧意而纹丝不动，所以两人能够合作得如此完美。试想，如果对方怀疑他会不会削伤自己的鼻子而乱动起来，而持斧的人却是按照原来的位置削下去，那么，结果或者是没有把泥削掉，或者削掉的也就不仅仅是泥巴了。他们之间之所以能够产生这种信任，是因为他们彼此深深地相知。

孤独是人们经常会面对的一种情境，它的滋味是苦涩的，因而绝大多数的人都排斥孤独，但是又很少有人能够完全避免孤独。人们更需要做的是，如何与孤独和平地相处——正视孤独，尤其当自身遭遇了某种不顺利的时候，要知道孤独尽管可能带来一时的悲观，但绝不意味着长久的绝望。

每天快乐一点地生活

在日常生活中，当我们内心经历某种情绪或情感变化时，总是以一定的行为表现出来。比如，高兴的时候，我们会笑；伤心的时候，我们会哭；生气的时候，我们会发火；对某种意见表示同意的时候会点头；表示反对的时候会摇头；等等。这些都说明，根据我们情绪的变化，就可以预测出我们的行为。本体心理学的观点则认为，让人们以某种方式行动，他们同样也会感受到相应的情绪。比如，让一个人微笑，他就会感觉到快乐。这一说法已经得到相关研究的证实。

在研究中，有两组参与者共同参与到实验中。研究者要求其中一组参与者紧皱眉头，而另一组参与者面带微笑。虽然这只是一个简单的对面部表情的控制，但是对两组参与者的情绪产生了很大的影响。与紧皱眉头的参与者相比，被要求面带微笑的那一组参与者称自己感受到了更多的快乐。

这对那些苦苦寻找快乐的人来说似乎是一个不错的启示，如果想获得快乐，可以尝试着多微笑。虽然我们常常是在感到快乐时才微笑，但是微笑同样也能让我们感受到快乐，即使我们自己没有意识到，但是这种效果的确是很明显的。

在另外一项研究中，要求参与者观看大屏幕上闪现的并且不断移动的不同的产品，这些产品有的是垂直移动的，有的是水平移动的，参与者在观看的时候要说出他们是否喜欢这些产品。研究结果表明，与水平移动的产品相比，参与者更喜欢垂直移动的产品。研究者们认为，参与者在无意识中把垂直移动的产品与点头的动作联系起来，将水平移动的产品与摇头的动作联系起来。这说明点头和赞许、认同等正面的情绪相联系，而摇头和否定、不乐意等负面的情绪相联系。因此，在观看垂直移动的产品时，观看者就会无意识地点头，从而体会到的是一种比较快乐的情绪；而观看水平移动的产品时，他们会无意识地和摇头的动作相联系，内心自然也体会不到那种快乐的情绪。

在 20 世纪 80 年代，有人进行了一项比较有意思的研究，研究居然发现，仅仅用牙齿咬住一支铅笔就能让人们体验到快乐的情绪。研究中同样有两组被试者，研究者要求其中的一组被试者用牙齿咬住一支铅笔，但是必须保证铅笔碰不到嘴唇；而另外一组参与者则被要求仅仅用嘴唇含住铅笔，但是要保证铅笔不会碰到牙齿。同时，两组的参与者都要对一部喜剧卡通片进行评价，并进行相应的打分以表示他们从这部卡通片中所感受到的快乐程

度。有趣的是，用牙齿咬住铅笔的参与者，其面部肌肉处于微笑的状态；而用嘴唇含住铅笔的参与者，其面部表情是紧皱着眉头。研究结果也证实，参与者的面部表情和他们内心体验到的情绪是一致的，即那些用牙齿咬住铅笔而被迫使面部表情进入微笑状态的参与者比那些仅仅用嘴唇含住铅笔而不自觉皱眉的参与者体验到更多的快乐，而且对喜剧卡通片的评价也更高，认为它能诱发更多的快乐。其他的研究也表明，快乐的行为能引发一系列的连锁反应，它不仅让人们能够体验到快乐的心境，同时也能让人们以更积极乐观的心态去对待生活，回想生活中那些能让你快乐的事件。即使这种快乐的行为停止，快乐的心境并不会立即消失，就像微笑虽然停止了，但是快乐仍会通过我们行为的很多方面继续对我们产生影响一样。

快乐之道其实很简单，我们完全不必大伤脑筋苦苦追寻，只需每天快乐一点地生活，久而久之，我们就会成为一个真正快乐的人。

认知心理，用理性来认识人的头脑

只有第一的印刻效应

德国心理学家洛伦兹在研究雏鸟习性的过程中发现：一只刚刚出生的雏鸟所要追随的并非一定是自己的母亲，而是它最初所见到的任何一种移动的物体，包括其他的动物，包括人，甚至也包括移动的非生命物体，如电动玩具。并且一旦雏鸟开始跟上了某种动物或物体之后，即使它的母亲再出现在旁边它也会置之不理。

洛伦兹将雏鸟的这种心理现象称为"印刻效应"。

印刻效应问世之后，有许多人对这一效应产生了兴趣，并认为动物之所以会产生印刻效应是因为它们的大脑不够发达，还不能够对事物进行甄别，可是，当他们进一步研究后却发现人类也存在着印刻效应。我们常会认为，婴儿总是跟随母亲的，可是如果婴儿在很幼小的时候接受了大量的其他刺激，比如说看了很多电视，那么婴儿就会对母亲的行为表现出一种漠然的态度，而对电视产生浓厚的兴趣。其实，孩子对母亲的极大依恋，基本上就是因为婴幼儿时期的朝夕共处，这一时期孩子虽然尚没有形成健全的智识，但是那种母子亲情却会在其心中留下最深的烙印。对于孩子来说，母亲是自己在这个世界上的第一个伴侣、第一个朋友、第一个老师，这个地位是此后任何人也无法取代的。

由印刻效应引申开去，心理学家发现生活中的人们身上的印刻效应还不只体现在跟随母亲或不跟随母亲这一件事情上。1961年4月12日，苏联发射了世界第一艘载人飞船"东方"1号，尤里·加加林成为世界上第一名航天员，仅仅二十几天之后，5月5日，美国也发射了载人的"水星"MR3飞船，可是这却鲜有人知，连同执行此次任务的航天员爱伦·谢泼德，其国际知名度也远远无法与加加林相比。

这件事体现出了印刻效应的核心本质——"只认第一，无视第二"。人们谈天说地的时候，往往对各种第一交口称赞，却鲜言第二，人们总是记住了太多的第一，而对于第二却给予了极大的冷漠。

比如，在奥运会奖牌榜上，排定名次首先的依据都是金牌的数量，在金牌数量相同的情况下才会考虑银牌的比较，否则，如果金牌少了一块，即使银牌再多，也都会排列在后面的。这就是因为第一与第二处于不同的层级，它们之间是不能够跨级进行量的比较的。人们为冠军而欢呼，而名列第二、第三者，哪怕差距再小，其风光的程度与第一者都无法相比。

在商业领域也是这样，某个行业排在第一名的企业会与第二名之间拉开较大的差距，也是因为第一名的企业抢先占有了市场，优先树立了品牌，在消费者的心中已经留下了很深的印刻效应，而后来的其他企业所提供的产品和服务即使同样好，人们也会依据习惯而更多地选择第一名企业的产品，因此，其他企业如果想要超越，必须付出更多，且做得更好。

而颇为风靡的吉尼斯世界纪录，更是唯第一是取，它的吸引力就在于人们对于第一的热情。

感知的作用

我们有五个感官——眼、耳、鼻、舌、身，通过这五个感官，我们可以获得外界信息。我们一生当中对所有事物的认知都是通过这五个感官获得的。我们的感官持续不断地受到外界信息的刺激，根据不同感官所受到的刺激，我们可以把感觉分为：视

觉、听觉、触觉、嗅觉、味觉。其中触觉可以分为外在的身体能够感知的感觉和内在的内心深处的感觉。

视觉信息的获得通常是由物体所发出的光线刺激视网膜上细胞而获得的，这样我们就可以感受物体的形状、颜色、大小等。视觉是所有的感觉中获得信息量最大的，在我们所获得的信息中，有大概80%是来自视觉的。但是，我们的视觉往往也是最不可靠的，比如视错觉等现象就说明这一点。

听觉给视觉所看到的五彩缤纷的世界配上了声音，这样我们眼前的世界就变得更加生动了。俗话说"眼观六路，耳听八方"，这说明我们耳朵的力量是十分强大的，它可以不受方向的限制，同时捕捉来自八方的信息。但是，和视觉一样，我们的听觉有时候也会出错。

触觉是通过皮肤来实现的，这种感觉不像视觉和听觉那样会骗人，它是很可靠的。在我们的身体各部位中，指尖的触觉是最为敏感的。

人类的嗅觉功能是通过空气中的粒子刺激我们鼻内的嗅觉细胞来实现的。嗅觉通常会伴随着内心的情感体验，例如，当我们闻到玫瑰花的芳香时，我们就会产生愉悦的情绪，心旷神怡；当闻到臭水沟的味道时，我们往往会掩鼻而过，免不了会抱怨几声。

舌头上的味蕾是专门负责味觉的，我们常说的酸甜苦辣咸就是味觉。人类的舌头是感受味觉的唯一器官，通常情况下舌尖对甜味比较敏感，舌的两侧对酸味敏感，舌根对苦、辣味比较敏感。

我们通过五种感觉来感知客观事物，并通过这五种感觉来表象，因此这五种感觉被称为"表象系统"，也称"感元"。我们可以通过五种感元精确地描述身体和内心的感觉。比如，当我们观察一朵花的时候，首先感觉到花的形状和颜色，然后注意到花瓣的质感，接着凑过去闻闻花的芬芳。这朵花的信息就通过我们的眼睛、鼻子、皮肤等感官进入我们的大脑。

感元还可以用来描述思考过程的进展，比如当你想念一个你喜欢的人时，他（她）的样貌就会浮现在你的脑海中。如果有人问你最喜欢的动物是什么，你就开始搜索储存在大脑中的信息，你最喜欢的动物形象，以及它带给你的感觉就会浮现出来。

其实，在我们的日常生活中，纯粹的感觉是不存在的，感觉信息一经感觉器官传达到大脑，知觉便随之产生。这说明感知觉是一个连续的过程，它们共同对外界的信息进行加工，使得它们成为我们能够识别的、有意义的信息。举个例子来说，当我们看到一个圆圆的、红色的物体，同时又能闻到它香甜的味道，让人忍不住想吃，这些来自感觉器官的信息为我们提供了形状、颜色、味道等特性，然后将这些信息传入大脑之后，我们认出了"这是一个苹果"。在这里把感觉通道所传递的信息转化为有意义的、可命名的经验过程就是知觉。

即使是一件简单的事物，也会传达很多信息，所以，我们在了解一个人或一件事的时候，必须对信息进行筛选，否则就会被大量信息淹没。我们对信息的控制就像经过一系列的过滤器，只选择接受事物的一小部分信息，最终保留下来的信息形成我们对世界的看法，也就是意识对物质的反映。

每个人对同一件事的感觉和看法有所不同，因为我们以不同的方式处理信息。信息过滤器对我们的一生有重要影响，我们的任何感觉和看法都带有强烈的主观色彩，就像戴上了有色眼镜，没有人能够完全客观地反映外在的世界。两个人可以经历完全相同的事件，却产生截然不同的情感。比如，两个人同时登台表演，其中一个人感到风光无比，另一个人却感到惊恐不安。

第二章　认知心理，用理性来认识人的头脑

　　知觉就是个体在以往经验的基础上，对来自感觉通道的信息进行有意义的加工和解释。在上述例子中，一个人在以前已经见过苹果长什么样子，并且吃过苹果知道它是什么味道，所以再次看到苹果时，个体根据以往的经验立刻判断出这是一个苹果。这就是感觉和知觉共同作用的结果。

　　人类学家特恩布尔曾调查过居住在刚果枝叶茂密热带森林中的俾格米人的生活方式，他描述了这样一个例子：居住在这里的俾格米人有些从来没有离开过森林，没有见过开阔的视野。当特恩布尔带着一位名叫肯克的俾格米人第一次离开他所居住的大森林来到一片高原，他看见远处的一群水牛时惊奇地问："那些是什么虫子？"当告诉他是水牛时，他哈哈大笑，说不要说傻话。尽管他不相信，但还是仔细凝视着，说："这是些什么水牛会这样小。"当越走越近时，这些"虫子"变得越来越大，他感到困惑不解，说这些不是真正的水牛。这是一个十分有趣的故事，说明了以往的经验在我们感知觉中的重要性。

用科学、理性的头脑来认识错觉

　　生活中，你是不是有这样的体会，当你和恋人在一起时，你们亲密耳语，分享彼此间发生的有趣的事情，不知不觉你们约会的时间就过去了，于是你们依依不舍地分开，并期待着下次见面的时间。相反，当你在听一场很枯燥的报告时，你心里在想，怎么还不结束呢，为什么时间过得如此之慢，你开始烦躁不安地看着表，希望指针转得再快一点，甚至还会悄悄地溜走。

　　这只是我们的感觉而已，说不定你和恋人约会的时间和听报告的时间是一样的，或许和恋人约会的时间比听报告的时间还长呢，可是你为什么会感觉到和恋人约会的时间过得很快，而听报告的时间却过得如此之慢呢？

在心理学中，这种对某一事件持续时间的知觉称为时间知觉。

时间知觉主要有四种形式：

1. 对时间的分辨，是指能够将事件发生的先后顺序在时间上进行区分，比如吃完早饭，紧接着去上课，下课后去购物，能够按时间顺序把这些活动区别开来；

2. 对时间的确认，就是知道今天是星期二，明天是星期三；

3. 对持续时间的估计，比如这节课已经过去了半小时，我已经等同学十五分钟了等；

4. 对时间的预测，比如还有一个月就放暑假了，四个月之后要在上海举办心理学大会等。

在本节开始所提到的例子中，主要是对持续时间的估计。而能够准确地对时间进行估计，对我们的生活和工作都有十分重要的意义。比如，一个老师要想成功地开展一节课，应该对时间做出恰当的安排，先开展哪个环节，后开展哪个环节，每个环节大概要用多长时间等。但是，如果对时间估计不准确，则会给教学带来混乱。

时间是客观的，不管我们知觉它是长是短，它不会发生变化。真正出现差错的是我们的感觉，和视觉听觉一样，它有时候并不可靠。人是复杂的情感动物，所以在对时间进行估计时往往会加入自身的很多情感因素。

这就是所谓的错觉——在特定条件下产生的歪曲客观现实的错误知觉。人们在认识客观事物的过程中，经常会产生各种错觉。

错觉是人们日常生活的一部分，有时我们会因为它而感到沮丧、失落，有时也会自觉不自觉地享受着它给我们带来的好处。比如说，有时我们会利用"视觉错觉"来掩饰自己外形上的一些不足：身材偏瘦的人往往会穿上暖色宽松的衣服，可以使自己看上去丰满一些；"高低肩"的人可以穿双排纽的翻领上衣，因为这种上衣的翻领部位是不对称结构；上身短的人可以穿领口高、纽扣数量多的上衣，因为它能为观者的视觉提供更多的上衣面积。建筑、装饰、广告和艺术也常常通过"错觉效应"来获得期望的效果。比如，一个房间较小，在墙壁涂上浅颜色，并在屋中央摆放一些较矮的沙发、椅子和桌子，房间看起来就会更加宽敞明亮。

"错觉效应"被广泛运用到商场中，其中最典型的是"时间错觉"。我们都有过乘车的经历，如果你坐在车上什么都不干，就会有一种度秒如度年的感觉。如果你一边坐车，一边看报或听音乐等，你就会发现时间过得飞快。这是由于你在看报或听音乐时，分散了对时间的注意力，从而造成了时间快的错觉。

一般商场都会放音乐，然而真正能让音乐起到预期效果的却不多。音乐对人的情绪有着很大的影响，乐曲的节奏、音量的大小，都会影响到顾客和营业员的心情。如果乐曲播放得当，主顾双方心情都好，主顾之间就会避免很多不必要的矛盾和冲突，商场就能够卖出更多的货物，取得更高的经济效益。否则，如果乐曲播放不当，往往会适得其反。

比如，在顾客数量较少时播放一些音量适中、节奏较舒缓的音乐，不仅能使主顾心情更加舒畅，使销售人员的服务更加到位，还能延缓顾客行动的节奏，延长顾客在商场的停留时间，增加随机购买率。而在顾客人数过多时应播放一些音量较大、节奏较快的音乐，这样会使主顾的行动随着音乐的节奏而加快，从而提高购买和服务的效率，避免由于人多而引起的主顾双方心情不好、矛盾冲突增多的情况出现。

总之，我们一方面要用科学、理性的头脑来认识错觉，避免因错觉造成的损失；另一方面，我们应该善于利用错觉来为我们服务。

对人的面孔识别能力

在生活中，我们整日和形形色色的人打交道，而且还会不断地认识新的面孔，但是很少出现将这些混淆的情况，这就是一种特殊的能力，即面孔识别的能力。

人的面孔是由眼睛、鼻子、嘴、脸部的轮廓等组合在一起的，我们在对人脸进行识别的时候就是依据这些组合在一起的信息。所以，当我们在看到一张面孔的时候，能够很快地辨认出对方是我们熟悉的人还是陌生人。关于面孔识别能力中所潜在的原理，目前科学家们并没有形成定论。

有一种解释认为，由于我们平时接触了很多人，根据以往的经验，在我们的大脑中就会形成关于人的面孔的模板，会无意识地将一些人的面部特征储存起来。当我们一个人时，就会将这个人的面部特征信息与我们大脑中的模板进行匹配，如果匹配成功，说明我们脑中已经储存了关于这个人的信息了，这个人就是我们所说的熟悉的人。但是如果是一个陌生人，将他的面部特征信息与脑中的模板进行匹配时，就会匹配失败。这样我们就会将这个人的面部特征的信息重新储存在我们的大脑中，下次如果再遇到这个人时就可以直接匹配了，这个人就成了我们所熟悉的人了。但是，对于这个说法很多人质疑，因为我们每天要和那么多

的人打交道，每天都要接触很多陌生面孔。按照这样的说法，我们的大脑中究竟能够储存多少面孔呢？随着储存的面孔逐渐增多，我们在进行面孔匹配的时候要花费多长时间呢？在面孔匹配的过程中，我们是直接就能找到要匹配的模板，还是得一个一个进行匹配，直到找到相互匹配的面孔为止呢？目前，对于这些问题尚无明确的答案。

另外，有研究结果显示，面孔识别能力并不是人类所独具的。日本科学技术振兴机构于2008年的研究报告称，刚出生的小猴子同样具有面孔识别的能力。在研究中，将刚出生的猴子隔离喂养，不让它们有机会接触任何面孔，向它们呈现人脸和猴子的脸的照片，并混同其他物体的照片。结果研究人员惊奇地发现，这些猴子虽然是第一次看到面孔的照片，却能很好地识别出来，但是对物体的照片就没有那么敏感。刚出生的婴儿和猴子一样，也具备天生能够识别人脸的能力，对于其中的奥妙，目前没有人能够解释清楚。

有些人声称他们对别人的面孔过目不忘，现在这种说法得到了哈佛大学心理学家的支持。他们发现有一种人可以被称为"超级识别者"，他们能够轻松地认出哪怕是多年前擦肩而过的面孔。

近期又有一项新的研究表明，不同的人在面孔识别能力上可能有很大差异。以往的研究已经确认，在全部人群中有2%的人属于"脸盲"，又称面孔失认症，表现为识别面孔非常困难。而这项新研究第一次发现另外一些人具有超常的面孔识别能力，这意味着面孔识别能力可能会有两个极端：面孔失认症、超级识别者。

研究者声称，"超级识别者"有一些惊人的经历，例如"他们能认出两个月前和自己在同一家商店购物的人，即使他们没跟那人说过话。他们不需要与别人有过特别的交流，照样能认出对方。他们能记住那些实际上并不重要的人，由此可见他们的面孔识别能力确实超出常人"。参与研究的一名妇女说，她曾经在大街上认出一个五年前曾经在另一个城市为她上菜的服务员。她非常准确地记得那个女人曾经在另一个城市做服务员。超级识别者往往能够在别人的容貌发生很大变化的情况下（如衰老或头发颜色的改变）依旧能认出他们。

人类不仅具备识别不同面孔的能力，同时还能够读懂面孔背后所潜藏的东西。比如，你可以发现温和面孔背后的假笑、漂亮背后的冷漠、慈祥背后的杀机、威严背后的邪恶等。关于人类的面孔识别还有很多奥妙等待着科学家们去发掘，希望在以后我们能够有更多惊人的发现。

声音中隐藏着无穷的乐趣

我们的耳朵似乎对声音有过滤功能。的确如此，我们的听觉能够从嘈杂的声音中听到自己想要听的声音，这是听觉具备的一种非常优秀的能力。因为在鸡尾酒会上，你和心仪的对象交谈的声音是你注意的中心，其他声音只不过是一种背景，所以不论其他的声音多么嘈杂都不会引起你的注意，因为那不是你所注意的。

心理学上有一个非常有趣的实验，就是给受试者戴上耳机，同时让他的两个耳朵听两种不同内容的声音，并让受试者追随其中一只耳朵听到的声音，然后让其大声说出他听到的声音。事后检查受试者的另一个耳朵听到了什么。在这个实验中，前者被称为追随耳，后者被称为非追随耳。结果发现，受试者一

般没有听清楚非追随耳的内容，即使当原来使用的英文材料改用法文或德文呈现时，或者将材料内容颠倒时，受试者也很少能够觉察。这个实验说明，进入受试者追随耳的信息受到了注意，而进入非追随耳的信息则没有引起注意。但有趣的是，如果在非追随耳的内容中加入受试者的名字，受试者却能够清楚地听到。这说明我们的耳朵具有选择的功能，只对与自己有关的信息进行关注。

声音中隐藏着无穷的乐趣，在生活中我们还会发现关于声音的另一个非常有趣的现象。比如，我们的闹钟放在自己的房间里，平时我们在房间里进进出出，和好朋友聊天，玩电脑游戏，看电视等。这时我们完全听不见闹钟嘀嘀嗒嗒的声音，但是当晚上我们躺下睡觉的时候，周围静悄悄的，我们就能够很清楚地听到闹钟嘀嘀嗒嗒的声音。这种现象说明，有其他声音，如和朋友聊天的声音或电视的声音时，闹钟的声音就被掩蔽了，所以我们听不到。又比如，在安静的房间中，一根针掉到地上都能听见，可到了大街上，就算手机音量调到最大，来电时也未必能听见，而手机的声音确确实实是存在的，原因就是被周围更大的声音遮蔽了。这种现象被称为"掩蔽效应"。

在实际生活中，很多人利用人耳的这种特性来解决生活中的问题。比如，在鸡尾酒会效应中，人们对与自身有关的信息会比较关注。所以这个原则也可以用到人际交往中，为自己建立良好的人际关系。比如，当你刚进入一个新集体中，你可以尝试着尽可能地去记住每个人的名字，这将能帮助你很快地融入集体中。同时，如果你很快记住了对方的名字，对方也会因为自己的名字很快被别人记住而感到心情愉快。再比如，很多公司利用掩蔽效应来达到隔音的效果。担心公司内部会议的内容被外人听到，可以播放一些背景音乐或者将空调的声音调大一点，将会议中讨论的内容进行掩蔽，从而达到隔音的效果。

在看了上面的介绍之后，我们恍然大悟，原来声音中有那么多奇妙的事情，了解声音的秘密然后利用它，真是其乐无穷。说不定声音中还潜藏着更大的秘密，正等着我们进一步去发掘。

眼睛的"明适应"和"暗适应"

日常生活中，我们都有过这样的体验。当我们刚进入不开灯的房间时，眼前一片漆黑，看不到屋内的东西，但是，过一段时间我们就能分辨房间内的物体了。当我们刚进入电影院时也会有这样的感觉，眼前黑乎乎的一片。这种现象就是我们的眼睛对黑暗的一种适应，在心理学中被称为"暗适应"，即从明亮的地方进入黑暗中眼睛对这种变化的适应。与这种"暗适应"相反的一种适应过程被称为"明适应"，即当我们从黑暗的环境到明亮的环境时，会觉得光很耀眼，看不清什么东西。比如，我们刚从电影院里走出来时，在明媚的阳光下，我们会觉得阳光很刺眼，睁不开眼睛，眼睛还会眯成一条缝，但渐渐地就能适应这种明亮的环境了，看清楚周围的物体了。我们眼睛的"明适应"和"暗适应"的过程就是我们通过改变自身的感觉机能来应对外部的刺激，这是对环境的一种适应性变化。

暗适应是由视网膜内杆状感光细胞中的一种叫作视紫红质的物质所决定的，它对弱光比较敏感，在暗处可以逐渐合成，据眼科专家统计，在暗处 5 分钟内我们的眼睛就可以生成 60%的视紫红质，大约 30 分钟即可全部生成。明适应则是与暗适应相反的过程，当我们从黑暗的环境到明亮的环境时，在暗适应过程中合成的视紫红质迅速分解，待到分解完毕之后，视锥细

胞中对光较不敏感的色素才能在明亮的环境中感光。可见，暗适应和明适应是一个可逆的过程。与暗适应相比，明适应的时间比较短，大约在一分钟内即可完成。相信在生活中我们深有体会，从电影院出来时虽然刚开始很不适应外面的亮光，但是过一会儿就完全没事了。但是在进入电影院时，我们可能要花相对长的时间来适应。

由于各方面生理条件的老化，老年人对光的敏感度比较低，因此，老年人的暗适应要花更长的时间。所以，如果家中有老人的话，在布置房间时最好不要让房间的照明一下子完全变暗，以防老人发生意外事故，而且在夜里，房间里最好不要漆黑一片，可以适当地给老人留一盏灯，让老人慢慢适应黑暗的过程。

在现实生活中，许多研究领域都考虑到了我们眼睛暗适应和明适应的规律。国外研制出一种专门对付犯罪分子的闪光弹，这种闪光弹的亮度要远远强于闪光灯的亮度，在这种短暂的极强的光线刺激下，犯罪分子眼前一片漆黑，只能束手就擒。

在汶川大地震中，相信很多救援的场面已深深地刻了我们心中。当救援人员抬出被困在废墟中几十小时，甚至更长时间的人时，都是将他们的眼睛蒙上。这是因为，视网膜受到阳光的强烈刺激，这种刺激紧接着传入脑内，会使人感到不舒服，同时会有眩晕的感觉，甚至眼睛还可能受到伤害。

此外，我们还注意到在隧道中也考虑到了这一因素。如果我们留心观察的话会发现，通常情况下，为了能够使驾驶员更好地适应光线的变化，隧道的出口和入口的照明相对要多一些。这样驾驶员的眼睛就会在不同的阶段接收不同强度的光，不会出现进入隧道后眼前一片黑暗的情况。

为了避免使眼睛受到伤害，在日常生活中我们也应该利用这一规律，对我们的眼睛进行保护。比如，在夏天阳光过强的时候，戴一个墨镜，使得较强的光线相对温和一点儿，这样我们在看阳光的时候就不会那么刺眼；当我们进入房间时先不用着急打开光线较强的灯，可以先开一盏光线相对微弱的台灯，等过几分钟后再去开大灯，让我们的眼睛有一个适应的过程。

俗话说，眼睛是心灵的窗户，只有将这扇心灵的窗户擦亮了，我们才会更清楚地去看周围的世界，才不会迷路。心灵的窗户亮了，眼前的世界也就跟着亮了。

亲密关系的"杀手"——近因效应

1957年，美国社会心理学家卢钦斯在《降低第一印象影响的实验尝试》一文中提出了近因效应。

文中卢钦斯描写了一个叫詹姆的学生的生活片段，其中一段描写了詹姆活泼外向的性格，他与朋友们一起去上学，在阳光下取暖，在商店里与熟人聊天，与前几天刚认识的女孩打招呼；而另一段表现的是詹姆沉静内敛的性格，描写他放学独自一人回家，走在街道上阴凉的一边，在商店里静静地等候买东西，见到前几天刚认识的女孩也不去打招呼。

卢钦斯以不同顺序对这两段材料加以组合：一种是将描写詹姆性格内向的材料放在前面，描写他性格外向的材料放在后面；另一种顺序则刚好相反，此外，卢钦斯又令这两段文字分别作为独立的材料，然后把这四种材料给四组水平相当的中学生阅读，并让他们对詹姆的性格进行评价。

实验结束，卢钦斯得到了这样的结果：在被试者中认为詹姆性格是外向的百分比，以单纯阅读外向材料的一组为最高，为95%；其次是先阅读到外向材料再阅读到内向材料的一组，比例

为78%；而先阅读到内向材料再阅读到外向材料的一组，这一比例仅为18%；至于单纯阅读内向材料的一组则为3%。

这一组数据表明，先阅读的那段材料对被试者对詹姆性格所做出的评价起着决定性的作用。这是首因效应发生作用的结果。

然后，卢钦斯又以另一种方式重复了前面的那个实验：在让被试者阅读有关詹姆性格的两段描写材料之间，插入了一段时间间隔，并且安排被试者做一些与实验完全无关的活动，如做数学题或听历史故事等，接下来再去阅读另一段材料。

实验结束后，卢钦斯得到了与先前正好相反的实验结果：这次对被试者进行的詹姆性格的评价起决定作用的不是先阅读的那段材料，而是后阅读的那段材料。这说明了近因效应的显著作用。

在社会知觉中，首因效应与近因效应同时存在，那么，如何解释这种似乎矛盾的现象呢？也就是说，究竟在何种情况下首因效应起作用，又在何种情况下近因效应起作用呢？

卢钦斯认为，在关于某人的两种信息连续被人接收时，人们总倾向于相信前一种信息，并对其印象较深，即此时起作用的是首因效应；而在关于某人的两种信息断续被人接收时，起作用的则是近因效应，这也就是对前面两个实验的解释。

另外，也有人指出，人们在与陌生人交往时，首因效应起较大作用，而与熟人交往时，近因效应则起着更大的作用。因为对于陌生人，此前的印象是一片空白，这时所产生的第一印象就尤为显著，而对于熟人，由于相互之间有了较多的交往，彼此的印象也较为丰富，这时最近的接触情形就会令人记忆得更深。

近因效应多发生在人际交往过程中出现误解或者期望的事件无法达到的时候，这时人们的思维比较狭窄和片面，难以掌控自己的行为能力和思考能力。比如说，当夫妻之间产生矛盾的时候，彼此双方会马上忘记对方的好处，眼前只剩下"他（她）对不起我"这个念头，进而无法对对方做出客观评判。从此，越来越觉得对方这也不好，那也不好，什么都不好，使自己处于失望、委屈，甚至是愤怒的状态。

不只是夫妻关系，亲朋好友之间也容易出现近因效应，所以近因效应还有另一个别称，叫作"亲密关系的杀手"。

第二章　认知心理，用理性来认识人的头脑

第三章

行为心理，发现人们的内心诉求

情人眼里出西施

在物理学上，热水快速冻结现象被称为"姆潘巴现象"，也称"姆佩巴效应"。

姆潘巴现象是对我们大脑中的常识的颠覆，热水怎么可能先结冰呢？然而不可靠的姆潘巴现象竟然被人们当作真理认同了40多年。

姆潘巴现象是以埃拉斯托·姆潘巴的名字命名的。1963年的一天，姆潘巴发现自己放在电冰箱冷冻室里的热牛奶比其他同学的冷牛奶先结冰。这令他大为不解，于是，他立刻去向老师请教。老师却很轻易地说："肯定是你搞错了，姆潘巴。"姆潘巴不服气，又做了一次实验，结果还是热牛奶比冷牛奶先结冰。

某天，达累斯萨拉姆大学物理系主任奥斯玻恩博士到姆潘巴所在的学校访问。姆潘巴就鼓足勇气向博士提出了他的问题。奥斯玻恩博士回答说："我不能马上回答你的问题，不过我保证等我一回到达累斯萨拉姆就亲自做这个实验。"结果，博士的实验和姆潘巴说的一样。于是，人们就把热牛奶比冷牛奶先结冰的现象称为"姆潘巴现象"。

2004年，上海向明中学一女生庾顺禧对这一现象提出了怀疑。在科技名师黄曾新的指导下，庾顺禧和另外两名女生开始研究姆潘巴现象。她们利用糖、清水、牛奶、淀粉、冰激凌等多种材料，采用先进的多点自动测温记录仪，在记录了上万个数据后进行多因素分析，最后得出结论：在同质同量同外部温度环境的情况下，热液体比冷液体先结冰是不可能的，并提出了引起误解的三种可能。

为什么一个不存在的现象竟然被人们作为真理认同了40多

年，而没有人对它质疑？这就是光环效应的作用。光环效应，又称晕轮效应，是指人们对事物的某种品性或特质有强烈的自我知觉，印象比较深刻、突出，这种感觉就像月晕形式的光环一样，向周围弥漫、扩散，影响了对事物的其他品质或特点的认识和判断。

人们之所以坚信姆潘巴现象存在，就是源于对专家的良好印象。在这种印象的影响下，人们对姆潘巴现象的存在深信不疑——因为这个结论是物理学家给出的。他是物理学家，结论肯定就是正确的。

光环效应其实是一种认知偏差，是一种以偏概全的评价。我们可以把光环效应通俗地称为"情人眼中出西施"。

在现实生活中，光环效应随处可见。热恋中的姑娘和小伙子，受光环效应的影响，双方就会被理想化——姑娘变成了人间的仙女，小伙子变成了白马王子；当老师对某个学生有好感时，会觉得这个学生什么都好；等等。

不要盲目追赶潮流

"时尚"又称流行，是指在一定时期内，在社会上或某一群体中普遍流行的，并被大多人所仿效的生活方式或行为模式。所谓的"赶时髦"也就是追赶流行趋势。

时尚体现的范围非常广，几乎遍及我们生活的全部，既包括衣食住行等物质生活方面，也包括文化娱乐等精神生活方面。某一种服饰的流行，大家狂热喜欢超女、快男等偶像，都是时尚现象的体现。这些行为既是一种群众行为，也是一种普遍的社会心理现象，不具有社会强制力。

时尚可以由上而下传导，比如时装发布会发布最新流行趋势，然后在社会上流行开来；也可以自下而上传导，先由社会上的普通群众开始，然后成为上层社会人士追崇的流行趋势。当然，时尚也可以在社会各群体之间横向传导，通过媒体得到广泛传播。

人类的心理常常是矛盾的，既要求同于人，又要求异于人。当某一项目开始流行的时候，我们为了标新而追求流行；当该项目流行一段时间，我们又产生厌弃心理，开始追求另一些更时髦更新颖的事物，于是，新一轮流行开始。

当然，准确把握人们追赶时髦的心理，对商品生产、调节市场需求、引导人们的消费习惯等是非常有益的。以时装行业为例，设计师如果具有敏锐的流行触觉，了解最新的流行趋势，就能设计出畅销的衣服，引领新的流行时尚。而就我们普通消费者的角度来说，最好不要盲目追赶潮流，因为潮流是转瞬即逝的，它只是某一段时间内的社会现象，如果不具备一定经济实力的话，赶时髦着实是一件"劳民伤财"的事情。

对旁观者现象的分析

某日午夜，在美国纽约郊外某公寓前，一位妇女在结束酒吧工作回家的路上遭到歹徒袭击。当时她绝望地喊叫："有人要杀人啦！救命！救命！"听到叫喊声，附近居民都亮起了灯，打开了窗户，凶手吓跑了。当一切恢复平静后，凶手又返回作案。当她又喊叫时，附近的居民又亮起了灯，凶手逃跑了。当她认为已经无事，回到自己家楼上时，凶手又一次出现在她面前，将她杀死在楼梯上。

在这个过程中，尽管她大声呼救，她的邻居中至少有38位听到呼救声到窗前观看，但无一人来救她，甚至无一人打电话报警。当时这件事引起纽约社会的轰动，也引起了社会心理学工作者的思考。

为什么人们会如此冷漠，见死不救呢？心理学家将这种有众多旁观者在场却见死不救的现象称为责任分散现象，也叫旁观者现象。

他们认为，恰恰是因为旁观者在场，削弱了人们的助人行为。在某个需要帮助的情境，如果单个个体在场，他会有很强的责任感，会积极做出助人行为，而旁观者越多，助人行为越少。这是因为我们都希望能少分担一点责任，心里想着即使自己不出手相助，也应该会有人伸出援手，从而导致责任的分散——如果只有1个旁观者，他助人的责任是100%；2个旁观者在场，每个人就承担50%的责任；如果有10个旁观者，每个人就只承担10%的责任。每个人都减少了帮助的责任，而个体却不清楚自己到底要不要采取行动，就很容易等待别人提供帮助或互相推脱。

心理学家约翰·巴利和比博·拉塔内的实验证明了旁观者现象的存在。他们让72名不明真相的参与者分别以一对一和四对一的方式与一个假扮的癫痫病患者保持距离，并利用对讲机讲话，在通话过程中，假扮的癫痫病患者会忽然大喊救命。这时观察参与者会做何反应。他们事先知道自己是一对一还是四对一的形式。事后统计结果显示：一对一通话组，有85%的人冲出工作间去报告病人发病；而四对一通话组只有31%的人采取了行动！

和成人的这种心理相反，儿童的助人行为却因为有其他人在场而增加了。心理学家斯陶布发现，儿童单独在场时，只有31.8%会出现助人行为，而两人在场时，上升至61.8%。这可能是因为其他人的在场减少了儿童的恐惧感，从而做出助人行为。

除了责任分散这个重要因素之外，还有其他一些因素也影响了人们的助人行为。

比如说，榜样的作用。旁观者的在场除了能使人们感到责任分散、犹豫不决外，也能起榜样的作用。熙熙攘攘的大街上，此时有一个陌生人突然发病，如果有一个人及时出手相助，并拨打120急救电话，其他路人肯定也会停下脚步，给予帮助。另外，情境的模糊性也会影响人们的助人行为——个体不确定发生了什么事，是不是需要自己提供帮助的时候，往往会退缩。如一项实验中，一个油漆工人站在梯子上，他的正上方是一幅巨大的广告牌，被试者能透过窗户看到这名工人。不久之后，被试者都听到重物落下的巨大声响，跑出来一看，发现是广告牌掉落了，只有29%的被试者跑过去帮助他。但是在另一情境中，油漆工呼唤大家去帮助他，这时有81%的被试者会出手相助。可见，减少情境的模糊性，能增加助人行为。

人喜欢跟风的原因

据新闻媒体报道，2010年伊始，一部好莱坞大片《阿凡达》彻底点燃了影迷的热情。

全国各地的影院都爆满，排队买《阿凡达》电影票已经成为众白领的"心头大事"。而且影迷们的追求不满足于2D、3D版《阿凡达》，都想一睹IMAX-3D版的风采。因为上海和平影都是长三角地区唯一可看IMAX-3D版《阿凡达》的影院，各路影迷几乎要将和平影都"吃掉"，疯狂的影迷甚至凌晨四五点就赶到影院排队——在春节还有一个多月到来之际，一部《阿凡达》却一不小心预演了"春运购票潮"。有影迷表示："人家都说

IMAK–3D 版好看，我们当然想看了，不看是件多没面子的事儿啊。要不人家问起来，都不知道和人家聊什么，现在满城都在谈论《阿凡达》。"甚至，有影迷为了一睹 IMAX–3D 版《阿凡达》的风采，跨城市看片，从各地奔赴上海。由于大家的蜂拥追捧，票价也水涨船高，甚至一票难求。

这个现象反映了人们这样一种心理：别人都看了，我不看岂不是很没有面子。这就是乐队车效应。

"乐队车效应"这个词最早来自经济学领域，由著名的经济学家凯斯提出，他将经济繁荣时推动资产价格上升的现象描述成乐队车效应。

生活中的乐队车效应随处可见。一种本来不好吃的东西，如果大家都说好吃，你可能也就跟着附和了；一首感觉平平的歌，大家都说好听，你可能也会忍不住称赞它。就好像是小时候玩游戏时要选择队伍，我们都会选择能赢的一方。商家的炒作就是根据人们的这种心态来进行的，集中宣传某种产品，制造很火爆的场面，吸引消费者的捧场。

与乐队车效应相对照的还有一种心理效应，即支持弱者效应——人之初，性本善，人性善论者认为同情弱者是人的本能。生活中，同情弱者也是一种较为普遍的心态。

比如，同情贫困地区的孩子，所以我们有希望工程；同情地震灾民，所以我们积极捐款捐物；同情街头的乞讨者，所以我们忍不住驻足关心。同情心是自我感受的一部分，人有把他人的感受想象成自己经受时的情况，而且感同身受的程度因人而异，有些人很容易被感动，有些人则不容易。看电视的时候，有些人常常因为故事情节、人物的悲惨遭遇而感动落泪，有些人却毫无感觉。

人性恶论的观点则认为我们同情弱者的心理不是与生俱来

的，他们反对人性本善的说法，认为人性是自私的，同情弱者只是发现他们比我们弱，无法对我们造成危险，所以才同情。而一旦他们变强了，就会停止救助。尽管这两种观点从完全不同的角度阐述了我们同情弱者行为的本质，但不管怎样，面对一个落后的队伍，我们还是会忍不住为他加油鼓劲。

那么，面对这两种心理效应，人们是如何表现的呢？一般情况下，人们会根据自己的需要，灵活使用乐队车效应和支持弱者效应。在涉及自身利益的时候，多会表现乐队车效应，站在有利于自己的一边，这样不仅可以获得心理上的满足感，还能得到利益。对与自己无关的事情，会产生支持弱者效应，站在弱者的一边。

但是不能盲目跟风，产生乐队车效应的时候，应该停下来，仔细思考一下，这是不是自己真的需要的，真的与自己的能力相符，不能因为面子而跟风。

最大限度地激发人的潜力

战国第一名将吴起有一次率领魏军攻打中山国。他巡视军营的时候发现有一个士兵身上长了毒疮，疼痛难忍，吴起毫不犹豫地俯下身子，为这位士兵将毒疮里的脓血一口一口吸出来。事情传到这位士兵母亲的耳朵里，她大哭不止。旁人问她："你儿子只是一名普通士兵，将军为他吸脓血，本该是一件光荣的事情啊，为什么要哭呢？"他母亲回答："你有所不知。几年前吴将军也为他父亲吸过脓血，结果他父亲临死也不退缩，最后战死沙场。如今又为他吸，真不知道他要死在哪里了。"正是因为有对下属的一片真心，吴起的军队战无不胜，攻无不克，最终成功拿下很多战役。

人们总是愿意为他们喜欢的人做事。故事里的父子就是这样，吴将军是他们爱戴的将领，所以，他们为了吴将军愿意赴汤蹈火，甚至献出自己的生命。

最早提出这个理论的是美国管理学家瑟夫·吉尔伯特，他认为每个人都愿意为自己中意的人做事，而且往往会任劳任怨，不计较得失。

这就是心理学上的所谓"喜欢原则"。我们总有一种倾向，愿意去帮助那些自己喜欢的人，同时也赞同他们的观点。一般来说，人们在知道有人喜欢自己之后，会产生一种强烈的心理压力，要去回报他人的喜欢。正是出于这种心理，我们会不自觉地心甘情愿为喜欢的人做事。谈恋爱的时候，男生为了心爱的女友鞍前马后，乐此不疲；工作的时候，因为上司的一句称赞，加班加点而不觉辛苦，都是出于对喜欢的回报心理。

美国著名女企业家玫琳凯曾说过："世界上有两件东西比金钱和性更为人们所需——认可与赞美。"也就是说，金钱的力量不是万能的，人心所向才是成功的关键，适当的赞美和认可，能弥补金钱的不足。

依据马斯洛的需要层次理论来看，生理和安全需要只是最基本的需要，尊重和自我实现才是我们最终追求的高级需求，每一个人都有强烈的自尊感，也渴望被尊重、被认可。有一个小伙子在公司里干的是最不起眼的清洁工工作，有一次歹徒闯进公司试图抢劫，只有他不顾一切地和歹徒殊死搏斗。事后被问起原因，他的答案更是平淡无奇却又发人深省："因为董事长总会夸我地扫得很干净。"就是这么一句简简单单的话，却有如此大的力量，能让这位小伙子忘了危险，拼了性命。领导对下属的一句真诚赞美，就能使他们得到莫大的满足，最大限度地激发他们的潜

力，让他们努力工作。这比任何物质奖励都更让人激动。

那些外表美丽的人能赢得他人的喜欢，所以，人们总是对美女很偏爱。可是，如果一个人的言行举止给他人传递的全是善意，时时刻刻为他人着想，时时刻刻关心、宽容他人，这样的人会比美女更受到大家的喜爱。你可以发现，那些有很多朋友、受大家喜爱的人，都不是自私、自我的，他们能时刻照顾到朋友的感受，尊重、关心周围的人。这样的人，自然也会得到大家同样的关心和回报。

下级与上级之间也是一样。下级对上级领导的评价，除了他对下属的关心外，可能还包括他作为领袖的责任承担能力。一个敢作敢为、有担当的领导，能让下属产生信任感和凝聚力，下属也会积极承担起自己应承担的责任，让领导放心。领导表面上把责任揽在了自己身上，会承担一定的风险和损失，但实际上却能换来下属更强的信任感。

得到心理上的轻松感

18世纪的法国哲学家狄德罗，收到了一件朋友送给他的质地和做工都非常精良的睡袍，他非常欢喜。可是，他马上就发现了问题，因为他看到自己所用的家具与这件睡袍比起来，显得实在是太粗糙了，风格完全不和谐。于是，他就把旧家具纷纷换掉，使得居室焕然一新，为此花费了相当高的代价。随后，他察觉到，引起自己生活这一重大变化的竟然只是一件睡袍。后来，狄德罗据此写了一篇文章，叫作《与旧睡袍离别的痛苦》。

200年后，美国哈佛大学的经济学家朱丽叶·施罗尔在《过度消费的美国人》中，将这种现象称为"狄德罗效应"，或者叫作"配套效应"。其具体内涵是，人们在拥有了一件新物品之后，就会不断地继续配置与其相适应的更多的新物品，以期求得心理上的平衡感。

与狄德罗效应相似的还有美国心理学家詹姆斯所提出的"鸟笼定律"。

1907年，著名心理学家詹姆斯从哈佛大学退休，同时退休的还有物理学家卡尔森，二人交往非常密切。一天，他们两个人打赌。詹姆斯说："我一定会让你不久就养上一只鸟的。"卡尔森摇了摇头："怎么可能？我压根就没有想过要养鸟！"詹姆斯微微一笑："不信，咱们走着瞧。"几天后，卡尔森过生日，詹姆斯送给他一份生日礼物———一只精致的鸟笼。卡尔森笑了："我只把它当成一件工艺品，你就别枉费心机了。"然而，让卡尔森意想不到的是，那天以后，每个客人来访，看见书房里那只空荡荡的鸟笼时，几乎都会无一例外地问："教授，您养的鸟什么时候死的？"卡尔森只好一次又一次向他们解释："我从来就没有养过鸟。"而这种回答每每换来的都是客人怀疑、困惑的目光。最终，卡尔森失去了耐心，只好买了一只鸟，以终止这种郁闷的境况。也就是说，詹姆斯赢了。

经济学家是这样解释"鸟笼效应"的：对于空鸟笼的主人来说，买一只鸟比反复解释为什么有一只空鸟笼要简便得多，而且即使无须对空鸟笼进行解释，空鸟笼也会无形之中给人造成一种心理压力，这就迫使主人不得不去买来一只鸟与笼子相配套。这就免却了别人的烦问，从而得到了一种心理上的轻松感。

鸟笼效应也被称为"空花瓶效应"。有这样一个故事，一个男孩子送给他的女朋友一束鲜花，她非常高兴，特意买来一只非常精美的水晶花瓶。结果，为了不让这个花瓶空着，他不得不每隔几天就送花给她。

狄德罗效应的实质在于人的心理对于完整与协调的追求，因为人们想当然地觉得某种物品应当与某种物品相配才是妥当的，就如同有天平就应当有砝码一样，否则心里就会有一种不舒服的感受，直到完成了这样的匹配之后，才会心安理得。而这样的心理是促进消费的强大动力，因为狄德罗效应的存在，人们在购买物品的时候往往不是以单件的形式，而是一整套地购进。商家洞悉这一秘密，就能巧妙拓展市场。

要和过去的自己比较

某市发生了一起重大的入室盗窃案。与其他案件不同的是，作案者是一名年仅 16 岁的少年。他为了同别的同学攀比，追求物质享受，在虚荣心的驱使之下，盗窃了一居民家中价值四万多元的钱物，然后他坐车去武汉，在不到四天的时间内，挥霍了所有的钱。

这位少年出身于一个普通农民家庭，并且自幼丧父，靠母亲一个人干活养家。按说，在这样的背景下成长起来的他，应当比别的孩子更早熟、更懂事才对，但他却出人意料地做出了令人心痛的事。

原来，虽然家庭条件不好，但母亲从来不让他在吃穿上受委屈。只要别的孩子有的，她都要省吃俭用，尽量满足他。这么一来，在伙伴们中间，少年不仅不显得寒碜，反而还显得比大多数人都气派。这让他感到很满足。

但自从上了市里的高中后，情况就发生了很大的变化。因为高中的同学和他以前的伙伴大不相同了，大都出身于市里的高收入家庭，花钱如流水，穿的是名牌，用的是精品。相比之下，他感到自己十分寒酸。此时的他不但以前的优越感丧失殆尽，而且感到了深深的自卑。在这种情况下，他的心理严重失衡。他不甘心低人一等，于是想尽各种办法来和那些同学们攀比。他先是每次回家都想出各种借口向母亲要钱。起初母亲还能尽力满足他，但后来实在拿不出了，只得拒绝他。少年见从家里要钱无望，只得另想他法。但他一个中学生能想出什么好办法来，想来想去，终于想到了邪路上。一开始，他偷同室同学的钱，几次下来并没有被发觉，渐渐胆子大了起来，就把目标转向了社会，做出了前面的令人震惊的"大案"。等待他的，无疑将是法律的严惩。

少年的悲剧来自跟同学的攀比。

心理学家经过研究发现，人们的攀比行为经常发生在身边人的身上，也就是说人们只爱跟身边的人或同行攀比。老李每年夏天捡饮料瓶子卖钱。有一天，他捡了满满一麻袋瓶子。同行老张看到之后，向他竖起了大拇指表示敬佩。老李高兴得乐开了花。这种同行之间的互相比较，还有一个很有意思的名字——大内定律。

大内定律是由美国管理学家 W.G. 大内提出的。这个定律是说，我们最关心的是与我们同等地位的人对我们有什么看法。因为愈在同等地位的人面前，愈能看出自己与他们有什么不同。因为同等地位的人和我们有相同的经历和基础，因而有可比性。相反，离我们很远的人，或者和我们差距很大的人对我们的影响就很小。他们发财也好，倒霉也罢，与我们没有什么关系。比如，虽然比尔·盖茨让很多人都羡慕，但是很少有人去和他比较。街头的乞丐很多，但是很少有人看到乞丐后觉得自己很幸运。

我们通常会跟自己身边的人比较。如果自己身边的朋友、同学比自己过得好，我们就会产生很大的落差。昔日的同事成了自己的顶头上司，心里可能会不平衡。当初曾经处在相同的水平

上，如今天差地别，难免会觉得愧疚、没有颜面。当年一起同窗苦读的同学，有的移民国外，有的开办了公司，有的在政府部门混了一官半职，只有自己还是一个名不见经传的小职员，恐怕同学聚会的时候都不愿意露脸了。

同样的道理，如果我们取得了很大的成就，就喜欢向以前的同事、朋友炫耀。因为他们知道你的过去，你的成就能够得到他们的认可。古代的人们取得成就之后讲究"衣锦还乡"。经过一番艰苦创业，终于过上了荣华富贵的生活。这时回到家乡去炫耀一番，必然能够得到家乡父老的崇敬和羡慕。

其实，每个人的生活环境、思维方式、行为准则和理想抱负都不相同。过去积累的知识、经验和思维方式导致我们做出和别人不同的选择。有的选择可能引导我们走向成功，有的选择可能让我们停步不前，甚至走向失败。但是，不管做出什么选择，每个人都有自己独特的人生之路。因此，没有必要和别人比较。如果一定要比较，就和过去的自己比较，看看自己是否有所成长。

遇事总爱推卸责任的原因

曾在宋徽宗时期担任过宰相的张商英，嗜好书法，又尤其喜欢草书，虽然他的书法不乏一定的造诣，具有自己的特色，但也有一个很大的缺点，就是不合体统，令人难以辨认，但是张商英自己对此却并不在意。

一次，他偶发诗兴，挥笔疾书一番，然后让侄子去抄录一份。可是他的侄子看了好半天却只能认出上面的一个字来，只好再去问张商英。张商英对着自己刚刚写下的字看了好一阵子，居然有很多连自己也都不认得了，但是他并不认为错在自己的字写得不合章法，而是责怪侄子说："你怎么不早点儿来？现在我都忘了刚才写的是什么了！"

从这个事例中可以看出，遇事人人都想推卸责任——明明责任在自己，可是却归咎于别人——张商英能够贵为宰相，应当是修养较高的人，却也未能免俗，平常人可想而知。

人们的这种下意识地推卸责任的行为，在心理学上被称为"自我服务偏差"。美国心理学家韦纳指出，自我服务偏差是由个人长期养成的较为稳定的归因倾向决定的。

归因倾向主要包括三方面的内容：

第一，内因与外因。内因即自身的因素，包括自己的能力、态度、品质、动机等；外因即与自身无关的外部因素，包括机遇、任务难度等。人们在取得某项成绩的时候，如果将之归于内因，则会产生一种自豪感，给自己以很大的鼓舞，而如果归之于外因，则会认为自己的成功是侥幸得来的，是不值得庆贺的。

第二，稳定因素与非稳定因素。事情的成因中有一部分是稳定的，如个人的能力在一定时期之内是基本恒定的，而另一部分则是常常发生变化的，包括各种偶发的情况。人们往往会将成功归之于稳定的因素，因为这意味着在正常的情况下自己是能够取得成功的，而将失败看作是由不稳定的因素造成的，这也就意味着自己之所以失败，是因为出现了意外的状况。

第三，可控因素与不可控因素。有一部分因素是自己可以控制的，比如自己的努力程度，而另一部分因素则是自身所无法控制的，比如说工作的难度、自己的智力水平。在这一方面，人们就习惯认为成功是由可控因素决定的，而失败则是由不可控因素导致的，也就是说持有一种"成事在我，败事在天"的态度，既然自己已经尽力而为了，那么失败也就是无可奈何的了。这实际

上就是推脱责任的一种方法，尽管这有时并非自己有意为之。

其实，这几个方面归结起来，说明的都是一个问题，那就是人们在进行归因时具有一种自我保护的倾向。

还有一种情况，人们也经常会毫不犹豫地推卸责任，那就是一旦意识到或者预测到，将来自己会与某件事可以没有任何瓜葛，就会立即开始推掉与此事有关的一切责任。

日本心理学家多湖辉认为，责任推卸行为乃是一种自骗型心理防卫机制，这种心理防卫机制是一种消极性的行为反应，含有自欺欺人的成分。当个体的动机、行为不符合社会规范，或者行为的结果与自己的承诺不一致时，就会努力寻找符合自己内心需要的理由，从而给自己一个合理的解释，来掩饰自己的过失，推卸自己应该承担的责任。

说白了，这种"合理化"就是寻找或编造一个貌似"合理"的理由，让自己"心安理得"。

这种心理机制有积极的一面——当遇到重大挫折，或者无法接受的心理伤害时，采用这种方法可以减轻内心的痛苦，避免精神的崩溃，有效保护了人的心灵。但是，这种机制如果过多出现，就会陷入自欺欺人的状态之中，面临的问题不但无法得到解决，而且最终会使人受到更大的打击。

关于这种心理，多湖辉还有另一种解释。他认为，人们内心深处都有一种犯罪意识，如果自己的犯罪行为不会被人发觉，他就很可能做出违反社会规范的行为。一旦这种行为被人察觉，就会寻找种种借口，把自己的罪责转嫁给社会或他人，好求得心安。所以，每个人都努力寻找借口，来推卸自己的责任，掩盖自己的过失。

推卸责任，必将延误解决问题的时机，酿成更大的危害。对个人，必然会影响其在他人心中的形象，最终危害其事业的发展。对社会，必定会造成更大的社会问题，乃至阻碍社会的进步。

难以进行独立思考的现象

人们在模棱两可、犹豫不决的情况下做出的决定往往会受到身边因素的影响。这种现象被心理学家称为"拥有效应"，它反映的是人们在遇到问题时，难以进行独立思考的现象。

心理学家曾经做过这样一个实验，实验对象面前有一个巨大的轮盘，转动着 1～100 之间的数字。主持人让实验对象回答问题，答案也是 1～100 之间的数字。例如，问题是"非洲有多少个国家加入联合国"，他们首先要回答答案是高于还是低于轮盘所停在位置的数字，然后再说出最终的答案。实验表明，答案受到了轮盘所停位置的数字的影响。当轮盘停在 10 处，测试者回答的数字的平均值为 25；当轮盘停在 65 处，平均值就会变成 45。

还有一个实验，实验对象被要求对坐在旁边的一个素不相识的人进行电击。为了确保实验的安全，电击当然是假的（施行电击者并不知道这一点），但受电击的人被要求做出十分痛苦的假动作和表情，并强烈呼唤停止这个实验。这时，主持实验的人以专家的口吻表示电击不会对人体造成根本性伤害，仍然可以继续电击。令人震惊的是，很多人都会按专家的要求继续进行这个实验。因为经验告诉他们专家是权威可靠的，即使受电击的人再怎么痛苦也无法改变他们这种思想。

拥有效应往往会影响我们对新事物做出客观的认识和评价，也会影响我们接下来的决策和行为，因此，要留意它对我们的头

脑造成的不良影响，进行正确的思维。

据说，西晋的第二代皇帝晋惠帝是个昏庸皇帝。有一年，天下闹饥荒，很多百姓都被饿死了。有大臣把这事报告给晋惠帝。皇帝听后，问大臣："老百姓怎么会被饿死呢？"大臣说："他们没有米饭馒头吃。"晋惠帝大惑不解，说："没有米饭馒头吃，那他们为什么不吃肉粥呢？"

无独有偶，法国路易十六的王后玛丽也曾讲过类似的混账话。这位王后是一位原奥地利帝国公主，从小生活奢华无度。出于政治需要，1770年，她嫁到法国。进入法国宫廷后，玛丽热衷于舞会、游玩、时装、宴会，喜欢漂亮的花园，花费惊人，世人称之为"赤字夫人"。据说，由于宫廷耗费钱财过多，法国上下陷于贫困。有一次，一个大臣告知玛丽，法国老百姓穷得连面包都吃不上了。玛丽不解，露出天真甜蜜的笑脸，说道："那他们干吗不吃蛋糕呢？"

晋惠帝和玛丽王后说出那样的混账话，就是受到了拥有效应的影响。

第四章

性格心理，塑造真实的自我

性格决定命运

生活中，我们往往会说，"这个人性格很温顺""那个人性格很外向"等，可是到底什么是性格呢？对于这个问题，很多人都无法做出明确的解释。

"性格"一词来源于希腊语，目前关于性格的定义，心理学家也没有达成共识。

我国的心理学家认为，性格就是人们对现实稳定的态度和行为方式上表现出来的心理特点，诸如坦率、含蓄、顽固、随和、理智、感性、沉稳、活泼等。

性格并不是独立存在的，我们每个人在日常生活中的态度及行为表现都可以反映出我们自身的性格特征。

我们每个人所拥有的性格特征并不是在短时间内形成的，而是我们在对社会生活的体验中逐渐形成的，而且还受到我们的世界观、人生观、价值观的影响。性格形成之后有一定的稳定性，但这并不意味着性格是无法改变的。生活中很多的突发事件有时会使我们的性格发生转变。

能够坚韧不拔、吃苦耐劳的人，可以一步一步地实现自己的人生目标；终日懒散松懈、不求上进、怨天尤人的人，必定一事无成。

个性叛逆的人对外界环境采取赤裸裸的反抗，不会妥协，不会婉转，这种性格的人要么成为英雄，要么被环境所吞噬，上演一出悲剧。"兵强则灭，木强则折"，性格过于耿直的人不善于迂回，往往四处碰壁，容易遭遇艰难曲折的命运。优柔寡断的人遇事总是犹豫不决，瞻前顾后，这种人容易因为性格中的不足而错失一次次的机会，导致无为、失败的一生。

法国著名的大作家大仲马曾经说过，人生是由一串烦恼穿成的念珠，而达观的人总是笑着数完它。

如今，心理学家们更是不容置疑地这样告诉我们：好行为决定好习惯，好习惯决定好性格，好性格决定好命运。性格决定成败，把握住了性格也就把握住了成功；性格决定命运，改变了性格也就改变了命运。如果你不满意自己的现状，就必须改变命运；若要改变自己的命运，就必须改善自己的性格。

诚如日本的一位心理学大师说过的：心理变，态度亦变；态度变，行为亦变；行为变，习惯亦变；习惯变，人格亦变；人格变，命运亦变。换句话说，一个人要想运势好，他的性格首先要好。

生活中我们可以看到，在同样的社会背景、同样的智商条件下，有的人能大获成功，有的人却处处失败，为什么会出现这么大的差距呢？其实也就是性格在很大程度上决定了人们各自不同的命运。

性格决定命运，优良的性格品质与成功的人生关系极为密切，这种关系主要体现在以下几点：

优良的性格造就崇高的理想和高尚的道德。那些有着真正崇高的理想和追求的人，往往都具备积极主动、乐观向上、开朗大方、正直诚实、信念坚定、富有同情心等性格特征。他们热爱生活，热爱大自然，关心身边的人，关心社会，有着高尚的情趣。一个人的理想和道德情操只有建立在这样的基础上才是可靠的。

优良的性格是事业成功的保证。天上不会掉馅饼，世上也没有任何唾手可得的东西。在竞争激烈的社会里，小到一点收获，

大到事业的成功，都需要坚定的信念，付出艰辛的努力。只有那些性格刚强、自信、乐观、勤奋、勇于开拓、一往无前、不畏挫折和牺牲的人，才有希望获得事业乃至人生的成功。

优良的性格是人生幸福的主要条件。我们生活在复杂多变的社会中，万事皆存变数，可能一帆风顺，也可能诸事不顺；可能收获成功，也可能遭遇失败；可能得到鼓励，也可能遭受打击。只有自身具备优良的性格，才能很好地维持心理的平衡，勇敢地面对人生，积极地应对外界的一切突发情况，创造属于自己的幸福。

如果我们对自己的性格有一个全面、清醒的认识，能够站在必要的高度上正确去面对，我们就能很清楚地看到性格与命运的密切联系。

弥补性格上的弱点对健康有益

从成功的角度说，性格决定命运。其实，性格对人的健康也有着一定的影响。我们可以从性格的不同分类中，观察出性格与人们身心健康的关系。

从个体独立性上划分，性格可以分为独立型和顺从型。

独立型：非常有主见，不易受环境和他人等外界因素的影响；善于发现问题并能很好地解决问题；生活自理能力强，对困难和意外情况也能妥善处理。他们的身体素质一般都不差，习惯独立生活，积极锻炼。

顺从型：缺乏独立精神，对别人的依赖心理强，没有主见，容易接受暗示或受人指使。身处逆境或遭遇突发状况时，总是表现得惊慌失措，一蹶不振。他们容易轻信各种谣言，听到对自己有伤害的流言蜚语更是伤心不已。这种心理显然是健康的不利因素，常能引起疾病。

顺从型性格的人往往偏听偏信，当试图达到排遣恶劣情绪或摆脱疾病缠身的要求时，他们往往不是积极主动地寻求正确的、科学的方法，而是将希望寄托在求神拜佛之类的迷信活动上，结果越陷越深，有的人最后甚至到了精神失常、精神崩溃的境地；身体上的疾病也因没有得到及时有效的治疗而进一步恶化，甚至到了无法挽救的程度。

从心理机能上划分，性格可以分为理智型、意志型和情绪型。

理智型：习惯理智地认知、衡量事物和支配自己的行为。

意志型：目的明确，意志坚定，在感情和行为上不易受他人的支配。

理智型和意志型的人做事有条不紊，善于处理人际关系，对外界生活环境的变化能够很好地适应，大多精力旺盛，身体健康。

情绪型：总是用感情来认知、处理事物和支配行为，情绪不稳定，容易冲动。他们经常凭主观臆测，意气用事，遇到冲突和矛盾时非常冲动，要么大发雷霆、争吵不休，要么忍气吞声、暗自怄气，这种做法无疑会对精神产生刺激。持久的或经常性的愤怒及抑郁，势必对健康造成影响，导致某些疾病的发生或加重。如食欲不振、睡眠质量不佳、神经机能失调，甚至引发高血压、心脑血管疾病，等等。

从以上分类不难看出，有利于身心健康的理想性格应该是外向型兼理智型（或意志型），并具独立型性格的人。

第四章　性格心理，塑造真实的自我

当然，人的性格是复杂的，每个人都可能具备多种性格特征，不可能有非常明确的标准判断谁是哪种类型的人。但是，某一个人的性格健康与否，却可以大致判断出来。

我们应该清楚地认识自己性格中的优缺点，积极培养自我调整的能力，随时弥补性格上的弱点，这对我们的身心健康将大有裨益。

荣格对八种性格的描述

荣格根据"利比多"（libido，即性力）的倾向性，最早将性格分为内向型和外向型。

荣格反对弗洛伊德将利比多简单地理解为"性的能量"，他将利比多解释为一种"心的能源"，是一种心的过程的强度。并且他假设其中存在一种"快乐的欲望"，而这种"快乐的欲望"则是荣格性格学的基础。当这种"快乐的欲望"以外在的形式表现出来时，称为"外向"；以内在的形式表现出来时，称为"内向"。而当这种内向或外向成为一种习惯时，我们则称之为"内向型"或"外向型"。

现实生活中，我们通常会说某个人性格真内向，某个人性格真外向，这种对性格的分类首先是由荣格提出的。

荣格的这种根据利比多的倾向划分的性格类型在美国逐渐发展成为一种著名的心理测验，这种测验被称为"性向测验"，由此提出了"性向指数"的概念，并且据此进行了一系列的研究。

研究结果发现，内向型的人更加关注自己的内心世界，对自己内部的心理活动的体验深刻而持久，通常按照自己的意愿行事，不随波逐流，不容易受到周围环境的影响；对待周围的人和事的态度相对较消极，往往会采取一种敌对或批判的态度，正因为这样很容易与别人产生摩擦，因此适应环境的能力也较差。外向型的人与内向型的人的性格恰恰相反，他们往往比较关注外部世界，对周围的人和事都充满了好奇和兴趣，通常会根据别人的期待、外部环境的变化来行事，适应环境的能力较强，但是这种人过于关注外部世界从而忽略了自己内心最真实的感受，有时候会迷失自己。

当然，这两种类型的性格没有优劣之分，只是不同的人格特质使然。而且每一个人不可能只是单单的外向型或内向型，往往是这两种类型的融合，只是哪一种性格类型相对来说占据一定的主导。

后来，荣格在他发表的《心理类型学》一书中对内向型和外向型作了进一步的阐述。由于内向型和外向型主要是根据个体对待客体的态度来进行区分的，因此又被荣格称为性格的一般态度类型。除此之外，还有性格的机能类型。

荣格认为，人的心理活动有感觉、思维、情感和直觉四种基本机能。感觉告诉我们某种东西的存在；思维告诉我们这种东西是什么；情感告诉我们它是否令人满意；而直觉则告诉我们它来自何方并去向何处。根据两种类型与四种机能的结合，共有八种性格的机能类型，荣格对此进行了描述。

1. 外倾思维型

他们通过自己的思考来认识客观世界，做事都要以客观的资料为依据，思维较严谨。科学家就属于典型的外倾思维型，他们认识世界、解释现象、创立自己的理论体系的过程体现了严谨的思维。但是这一类型的人往往比较刻板，情感不够丰富，个性不

够鲜明。

2. 内倾思维型

与外部世界相比，这种人更加关注自己的内心世界，他们对一些思想观念感兴趣，善于借助外部世界的信息对自己内心的想法进行思考。哲学家就属于这一类型。这一类型的人比较冷漠、傲慢，有些不切实际。

3. 外倾情感型

这种类型的人能将外部环境的期待与自己的内心情感结合起来。他们善于交际，喜欢表达自己的情感，性格活泼，对社会活动抱有很大的热情，与外部世界相处比较和谐。但是这一类型的人往往没有主见，缺乏主体性。

4. 内倾情感型

这一类型的人往往过分关注于自己的内心世界，对内心有深刻持久的情感体验，能够冷静地去看待周围的人和事。但是他们往往不善于表达和交际，和气质类型的抑郁质比较相似。

5. 外倾感觉型

这一类型的人往往比较注重感官的刺激和享受，善于与外界互动，但是往往只停留于表面，不够深入。他们比较注重享乐，往往很难抗拒美味的诱惑，情感比较浮浅。

6. 内倾感觉型

这种类型的人往往沉浸于自己的主观世界之中，与外部世界相距较远。但是他们能够以自己独特的方式对外界的信息进行加工，而且体验较深入，能够以独特的方式将这些表达出来。

7. 外倾直觉型

有灵感的人应该说的就是这种类型的人，他们对外界有很好的洞察力，对新鲜事物比较敏感。他们容易冲动，富有创造性，但难以持之以恒。

8. 内倾直觉型

这种类型的人善于想象，性情古怪，对外界事物较冷漠，往往容易脱离实际，他们的思考方式一般很难被人理解，想法比较怪异和新颖。荣格认为，艺术家就是典型的内倾直觉型。

塑造我们的人格的因素

究竟是哪些因素在我们人格塑造的过程中发挥着作用，对于这个问题的争论由来已久，而且存在两种截然不同的观点：一种观点认为，我们的人格主要是由先天的遗传因素决定的；而另一种观点则认为，影响我们人格的主要因素是后天的环境因素。但是，在长时间的争论过程中，心理学家们逐渐达成了共识，认为我们的人格是在遗传和环境两种因素的交互作用下形成的。

在众多人格研究的方法中，双生子研究则是人们公认的一种比较客观和科学的方法。这一方法遵循这样的研究思路，对于同卵双生子而言，他们的遗传因素是相同的，如果他们在人格上存在差异，那么这种差异则是由环境因素导致的；对于异卵双生子来说，如果他们从小就在同一环境中长大，那么他们人格上的差异则就归结为遗传因素。采用这一方法的研究表明，人格并不仅仅受到某一因素的影响，而是各种因素共同影响的结果。

首先，生物遗传因素。许多心理学家认为，人格具有较强的稳定性，因此在研究人格的过程中，应该更注重生物遗传因素的作用。很多心理学研究者采用双生子的方法对该问题进行了研究。

艾森克的研究指出，在同一环境中成长的同卵双生子，在人格的外向性维度上的相关为0.61，不同环境中的同卵双生子在该维度上的相关为0.42，异卵双生子的相关仅为0.17。由此可以看出，同卵双生子在外向性的维度上相关要显著高于异卵双生子，这说明生物遗传因素在人格形成中的作用。

弗洛德鲁斯等人在瑞典进行了同样的研究。他们选取了12000名双生进行问卷的测量，结果发现，同卵双生子在人格的外向性和神经质上的相似性要显著高于异卵双生子，可见生物遗传因素在外向性和神经质两个维度上有重要的作用。

心理学研究者对成人双生子也进行了类似的研究。

20世纪80年代，明尼苏达大学对成人双生子的人格进行了比较研究。在这些双生子中，有些是从小一起长大的，有的则是被分开抚养的。研究结果表明，不论是分开抚养还是未分开抚养，同卵双生子在人格上的相关均要高于异卵双生子。我国的一项历时20年的纵向研究结果也表明，人格的许多特质都有遗传的可能性。

尽管通过这些研究，我们可以看出遗传对人格的发展的确有不可忽视的重要的作用，但是它的作用到底有多大，对此并没有明确的结论。我们只能说生物遗传因素为我们的人格发展提供了可能性，而且遗传因素对人格发展的作用因不同的人格特质而异。遗传因素对智力、气质等与个体生物因素有较大关系的人格特质的影响作用比较大，而对那些价值观、性格、信念等与社会因素关系密切的人格特质的影响作用相对较小。

其次，环境因素。除了生物遗传因素外，环境因素对人格的发展同样有重要的影响。这些环境因素包括早期的童年经验、家庭环境因素、学校环境因素以及社会文化因素等，都在塑造着我们的性格。

综上所述，遗传和环境因素都不同程度地塑造着我们的人格，对我们人格的发展发挥着重要的作用，正是二者的共同作用才造就了我们在人格上的差异。

性格也是可以改变的

我们认为性格是一套稳固的态度和习惯化的行为模式，这就是说性格是稳定的，不会像天气一样变化无常。对一个人进行深入的了解之后，我们能够推测他在相同或相似的情境下的态度和行为反应。但是，这也不是绝对的。来自心理学的研究表明，性格也是可以改变的。

心理学家称，性格会随着年龄的增长而发生改变。从发展心理学的角度来看，我们的性格总是在外向型和内向型之间转换。

婴幼儿时期属于外向型时期，那时性格还未充分发展，需要借助外界的帮助才能生存下去。

进入幼儿期之后，开始转向内向型，因为这一时期自我意识开始发展，对外界的束缚开始进行反抗。

进入儿童期之后，对很多事物充满了求知欲，又开始转向外向型。

进入被称为"暴风骤雨期"的青春期之后，他们的自我意识变得更加强大，这一时期属于内向型时期。

成年期逐步体验到现实的残酷和生活的艰辛，认识到必须努力工作，提升自身的价值，为家庭成员的幸福而奋斗，这时由内向型的特质转为外向型。

进入老年期之后，开始对自己的人生有了更深入的思考，再度回归到内向型。

有研究表明，心理疾病同样也会引起性格的变化。比如，抑郁症作为一种较常见的心理疾病就会引起性格的变化。通常容易患抑郁症的人在性格上有一些共同点，追求完美、缺乏幽默感、做事刻板等，即使受到一点小事的刺激也会让他们心理上产生很大的波动，陷入异常的状态之中。除此之外，精神分裂症往往更容易使人格出现转换。这类人在发病前可能会有自闭、敏感、反应迟钝等症状，但是一旦发病就会出现不可思议的症状，严重的还会导致人格的荒废。

年龄上的变化和心理疾病能够导致性格发生变化，中毒导致的精神失常、被洗脑或心智受到他人控制同样会导致性格发生变化。

第二次世界大战期间，许多军队由于频繁使用兴奋剂，出现很多中毒者。这些中毒者的性格发生了很大的变化，出现恐吓他人、好斗的特点，严重的还会丧失心智。麻醉剂中毒虽不像酒精或兴奋剂中毒那样明显，还是会使人处于忧郁的状态之中，对外界漠不关心。在没有药物作用的情况下，某些邪教组织的洗脑或心智上的控制也足以使人的性格发生巨大的变化。有些邪教组织所使用的酷刑足以让人陷入孤立和绝望的境地，最终丧失自我认同感。

关于教育的作用，其实已不必再赘述。研究表明，不论是家庭教育、学校教育还是社会教育都对我们性格的养成有一定的作用。

举个例子来说，日本对年轻人所进行的调查报告将年轻人分为四类，即孜孜不倦型（为了老师和父母的期望，不懈努力，但是缺乏弹性，容易受挫而崩溃）、我行我素型（与世无争，有时候会逃避现实，不能够积极地适应社会）、焦躁型（不满于现状，经常会有惊人之举，奇装异服，行为不端）和浮躁型（对学习毫无兴趣，爱看电视节目，化浓妆，举止轻浮）。这就需要在教育的过程中对不同类型的人进行校正，使他们恢复到正常人的状态。

所以，性格并不像我们之前所认识的那样是不可改变的，像上述的年龄、心理疾病、心智控制、教育等都可以使其发生改变。看来只要具备一定的条件，江山易改，本性也是可移的。

自我的四个层面

约瑟夫·鲁夫特和哈里·英格拉姆于 20 世纪 50 年代提出，每个人都是由四个层面的自我构成的，这四个层面的自我分别是公开的自我、盲目的自我、隐藏的自我和未知的自我。

1. 公开的自我

自己了解，他人也了解，属于自由活动领域。所谓"当局者清，旁观者也清"说的就是"公开的自我"。比如，我们的性别、年龄、长相等可以对外公开的信息，包括婚否、职业、工作生活所在地、能力、爱好、特长、成就等。"公开的自我"的大小取决于自我的开放程度、个性张扬的力度、人际交往的广度以及他人的关注度等。"公开的自我"是有关自我最基本的信息，同时也是自己和他人了解自我、评价自我的基本依据。

2. 盲目的自我

自己觉察不到，但是他人能够了解。所谓"当局者迷，旁观

者清"就是指"盲目的自我"。盲目点可以是一个人的优点或缺点。"盲目的自我"的大小与自我观察、自我反省的能力有关。内省特质比较强的人，往往盲点就会比较少，"盲目的自我"比较小。

3. 隐藏的自我

自己了解，但他人觉察不到。这是自己知道而别人不知道的部分，与"盲目的自我"刚好相反。就是我们常说不愿意或不能让别人知道的隐私、个人秘密。身份、缺点、痛苦、愧疚、尴尬、欲望等，都可能成为"隐藏的自我"的内容。相比较而言，心理承受能力强的人，性格比较自闭、自卑、胆怯、虚伪的人，"隐藏的自我"会更多一些。适度的自我隐藏，能够避免外界的干扰，独守自己的心灵花园，是正常的心理需要。如果一个人没有任何隐私，那么他就赤裸裸地暴露在别人面前，没有隐私和安全感。当然适度地隐藏自我能够保护自己，如果自我隐藏得太多，就会将自己封闭起来，无法与外界交流。这样自我就会受到压抑，甚至造成人格的扭曲。

4. 未知的自我

自己和他人都未觉察的自己。这样的自我也被称为"潜在的我"，属于自我层面的处女领域，等待着别人去发现和挖掘。"未知的自我"通常是指一些潜在的能力或特性，或是只有在特定的领域才能展现出来的才华。弗洛伊德所提出的潜意识层面，隐藏在海水下面有无限能量的巨大的冰山，也属于"未知的自我"的层面。"未知的自我"是我们知之甚少同时也是最值得挖掘的领域，所以我们应该尝试着去全面而深入地认识自我，激励自我，发展自我，超越自我，肯定会收获意外的惊喜。

每一个人对自我的认知，都存在公开区、盲目区、隐藏区和未知区。有时候我们可以通过性格测验来了解"公开的自我"和部分"隐藏的自我"，但是测验结果和实际情况还是有出入的。因为在进行测验的时候，被测验者往往有一种"社会赞许"的倾向，为了得到他人和社会的认可往往隐瞒自己真实的想法，所以对于性格测验的结果不能过度依赖。

关于自我的四个层面，对于不同的人而言，每个层面所占的比例不同。有些人可能隐藏得比较少，暴露得相对多一些；有些人可能比较容易聆听别人的评价，对盲目的自我了解得较多，而有些人总是敢于尝试一些新鲜的事情，试图去挖掘自己性格中未知的部分。每个人都是一个没有谜底的谜，我们只能慢慢地去走近，去了解，去感受。

第四章 性格心理，塑造真实的自我

自我心理：积极地锤炼自己卓越的才能

真实地展现自我的个性

所谓个性，是指一个人整体的精神面貌，包括性格、情感、气质、理想、信念、人际关系、价值观念、兴趣等与情感智商相关的诸多因素，可以理解为是一个人的性格特征与智力因素、非智力因素的总汇，也就是我们所说的人格，智商和情商都包括在内。个性能够释放出强大的吸引力和影响力，这就是我们常说的人格魅力。一个人如果能自如地表达真我，就能释放出独一无二的魅力。

每个人在刚刚降生的时候，都是完全展现自己的个性的。婴儿能够毫无顾忌地展现自己的真实情感，他们没有虚假和伪善，用自己的语言表达最真实的自己。正是这个原因，所以每个人都喜欢婴儿。

在尼采哲学中，真实的"自我"具有两层含义：在较低的层次上，它是指隐藏在无意识之中的个人的生命本能，比如各种欲望、情绪、情感和体验；在较高的层次上，便是精神性的"自我"。这两者具有内在的统一性，因为原始的生命本能正是创造性的原动力。"自我"作为生命的表征，是命运的承载者。然而，随着知识的增长，我们的思想和行为受到社会规范和道德准则的限制，我们尽量让自己的言行举止符合别人的期望，我们害怕展示自己，渐渐忘了真实的自己，把真我锁在内心的牢笼中。因为放弃个性要比发展个性容易得多，跟随和模仿要比创造容易得多。就这样，真实的自己被压抑起来，很多不良情感和负面情绪也由此而生，在面对一些人和一些事的时候，变得害羞、难为情、紧张、胆怯、烦躁。这些不良情绪都是个性受到抑制的表现。

大多数人的个性都受到了抑制，一个重要原因是小时候在表达自己的真实情感的时候受到打压。小时候，当我们大声说话、出风头或者表现出发怒或恐惧等负面情绪的时候，受到大人的惩罚，幼小的心灵便留下阴影，认为表达负面情绪是不对的，进而认为表达自己的真实情感是不对的。常见的"怯场"现象，就是因为我们担心大声说话、表达自己的看法会受到惩罚。

　　口吃是抑制真实自我的典型例证。如果我们刻意地避免错误的发音，或者过于在乎自己所说的话，就会产生抑制的作用，而不是自发地做出反应，就可能导致口吃。如果减缓抑制的作用，口吃的人就能进行正常的语言表达。一旦清除自我批评和自我限制，表达能力就会立即提高。

　　我们必须把真实的自己释放出来，能够展现自我个性的人，具有创造性的潜力。成功学大师告诉我们，每个人都可以成为说服力极强的演说家和能说会道的推销员。很多人认为自己笨嘴拙舌，不善交际，这种心理限制了他们的表达能力和交际能力。如果他们经过训练，充分展现自我，都可以变成自信的充满活力的演说家或推销员。

　　王先生非常敏感，别人说的每一句话，做出的每一个动作都会对他造成很大的影响。他与别人打交道的时候，不能清晰地思考，什么话也说不好。但是，他发现当他独处的时候，内心处于平静放松的状态，头脑也特别清醒，甚至有很多有趣的想法。于是，再与人相处的时候，他力求表现得像独处的时候一样，不考虑别人对他怎么评价。这个方法让他能够很好地与别人相处，甚至在大庭广众之下演讲他也不会感到紧张。

理性地对待你的期望

我们为什么会感到不快乐，不幸福？因为现实总是和我们的期望有一定的距离，这距离就是我们不快乐、不幸福的源泉。比如，另一半本来是符合自己的标准的，可是，结婚之后他却暴露出了种种缺陷，实在让人难以忍受；本来对新工作充满期待，结果发现同事不好相处，或者工作量太大，致使我们的情绪每天都很糟糕；去巴黎旅游本来是梦寐以求的事，可是到了那里却发现自己吃不惯法国大餐。

关于这一点，心理学家是这样解释的：我们的情感来自我们对世界的期望和实际上发生的经历之间的微分比较的结果。当我们在现实中经历的事情与我们的期望精确地吻合的时候，我们体验不到任何情感，因为每件事都是它们应该成为的样子，一切都很正常，没有什么特别的事能够引起我们情绪的波动。只有当我们所经历的事情与我们的期望有差别的时候，我们才能够觉察到，并产生情感或情绪的波动。如果现实不如期望的好，我们就会感到失望、沮丧、痛苦，甚至绝望；如果现实比期望的好，我们就会感到满足、开心、兴奋，甚至发狂。现实与期望的差异越大，情感波动就越强烈，期望越大，失望越大，就是这个道理。

通常情况下，理想很遥远，现实很残酷，所以，我们就有了那么多的不快乐，就感觉到那么的不幸福了。

事情其实远没有这么悲观，这种状态估计只有"贪心"的人才会有，要不就不会有知足常乐这个词了。为什么不用积极的态度看待期望的状态呢？

尽管我们总会处于期望没有实现的失望状态，但毕竟我们已经尽力了。如果能这样想，我们的情感就会变得积极起来，就不会那么沮丧，就不用沉浸在求而不得的痛苦中了。

当然，现实的确冷酷，各种时间表和工作日程逼着我们必须制定目标和计划，必须尝试把期望的状态变为现实，这时候，我们也完全可以通过调整期望和现实的差距，来缓解失望的痛苦。

如果期望离现实过于遥远，无论怎么努力现实与梦想之间的距离还是很大，就会让自己总是处于对现实不满意的状态中。因此，制定目标时，你要以现实为基础，理性地对待你所期望的事物。不要幻想把月亮摘下来，即便你能摘到，你还得接受月球表面的凹凸不平。

如果在短期之内制定很多目标，那么，必然要经常面临期望难以一一实现的情况，从而产生对现实不满的情绪。长期目标却不同，它可以更长时间地维持我们的快乐。"新官上任三把火"其实很不可取。新的领导上任之后总是期望在短时间内做出成绩，树立威望。但是，急功近利的思想往往会遇到阻碍，大刀阔斧的变革可能会产生适得其反的结果，最终结果与期望的有很大差距。还有立志减肥的人，总是希望在短期内实现"一周瘦五斤"的减肥目标，可是，这样的目标是很难实现的，即使实现了也很容易出现反弹，最终还是会让自己处在对体重不满意的状态。

有些人有目标，却不行动，让目标成为一个幻想。幻想自然永无实现之日，于是就一味地沉浸在对现实的不满和牢骚中，整天怨天尤人。尽管他的期望只是自己幻想的结果，他却希望自己本来就是那样的，他完全被那种美好的状态吸引了，不理解自己为什么现在的状态这么糟糕。比如，某个人做了一个美梦，买福利彩票中了 500 万的大奖，在梦中他高兴极了，花钱花得不亦乐乎，但是梦醒之后却为现实中没有中奖而感到痛苦。这样的做法简直是太愚蠢了。如果对现实不满意，就应该确定目标，制订计

划，行动起来，朝着目标努力，而不是为那个虚无缥缈的梦境感到遗憾。

用目标与现实进行对比的思维是活在未来，是在用未来的眼光看现在，自然会对现在感到不满意。可是，如果换个角度思考问题，仔细体验当下发生的事，忘掉过去和未来，我们也许会发现另一种景象，那就是活在当下——你有多久没有仔细品尝饭菜的味道了？你有多久没有仔细感觉风吹在脸上的感觉了？玫瑰花瓣的颜色和质感会让你感到惊讶吗？鸟儿歌唱的声音好听吗？秋天的树叶是怎么慢慢变黄的？听到蟋蟀的叫声，你会感到好奇吗？

原来，因为太关注理想和目标，生活中很多能给我们带来快乐的细节都被我们忽略了。当我们还是孩子的时候，曾经对世界上的一草一木感到惊讶过，也曾经被第一次看到的蓝天白云感动过，那时候我们是用心在体验生活，那时的我们对生活没有任何的不满意，因为那时我们还没有任何欲望和希求。可是，长大以后，吸引我们眼球的东西越来越多了，我们的欲望也越来越多了，我们学会了比较，看到别人有什么，我们也想要，然而，欲壑难填，我们也就越来越痛苦了。那就还是活在当下吧，体验现实生活才会获得真正的快乐和幸福。

积极地锤炼自己卓越的才能

"缺点不过是营养不足的优点"，是奥地利心理学家阿德勒的一句名言。

阿德勒生于维也纳的一个富裕的商人家庭，全家人都有着很高的文化和艺术修养，可是他的童年却并不快乐。原因在于自己具有驼背的缺陷，行动不是那么方便，加之他有一个身体正常的哥哥，两人在一起的时候，哥哥的表现处处比他优越，这使得幼小的阿德勒产生了强烈的自卑感。但是阿德勒没有为这种自卑所束缚，而是通过自己的努力，在心理学领域展现了卓越的才华，完成了对于自卑的补偿和超越。

阿德勒的人生可以说对他那句名言作了最好的诠释：在某一种角度看来是缺点的特质，从另一个角度去看也许是优点，一种事物总是存在着它的对立面，只不过两方面有着轻重之别，所以才产生了优劣之分。比如说鲁莽，是一种缺点，而勇敢则是一种优点，当然，鲁莽与勇敢之间不能够画等号，两者是有着很大差别的；但也不可否认的是，两者之间有着很大的联系，一个鲁莽的人，常常是具备勇敢的长处的。《三国演义》里的张飞是一个鲁莽的人，可是他的勇武也是值得称赞的。

一个人在对待自身缺点的时候，是可以从另一个角度来进行补偿的。每一个人都有着某方面的缺点，而且少数人对自身所具有的某种缺点有着极为强烈的感受，于是会付出一种强大的主观力量去补偿，而这往往造就了他们不凡的成功。

补偿作用的发挥可以分为两种，一种是正面补偿，也就是令自己的短处转变为长处。古希腊的戴蒙斯赛因斯患有口吃，可是他却矢志要成为一名演说家。经过长期的艰苦练习，终竟如愿以偿，不仅克服了口吃，而且辩才远远超越了常人。戴蒙斯赛因斯就是要克服掉口吃的缺点，在口吃这件事本身上下功夫，才成就了自己。

另一种是侧面补偿，也就是绕过自身的缺点，从其他方面来进行补偿。罗斯福在 1921 年不幸患上了脊髓灰质炎，落下了终身的残疾，但是这并没有令他放弃奋争进取的信念，此后，凭借自己顽强的努力和出色的政绩，于 1932 年的竞选中战胜胡佛，

第五章 自我心理：积极地锤炼自己卓越的才能

成为美国第三十二任总统，并且连任四届。罗斯福以自己杰出的政治业绩被看作是美国历史上伟大的总统之一。这说明，缺陷并不能够阻止一个人前进的步伐，很多时候还反而会令一个人为了克服它、超越它而付出更多的努力，从而获得更大的成功，这就是力量强大的补偿作用。

罗斯福对自己所进行的补偿不是令肢体能力超越常人，而是积极地锤炼出自己卓越的政治才能。

以肯定的态度看待自己、别人和世界

想象和心理暗示是进行自我激励、自我管理的重要方式。经常对自己进行积极的心理暗示，以肯定的态度看待自己、别人和世界，我们就能让自己变得符合自己的想象，继而让别人和世界也符合你的想象。虽然有些心理暗示与事实并不相符，但是这并不妨碍它发挥作用。

世界各地都有巫婆和神汉给人治病的现象，他们在病人面前表演一番，弄一些香灰、神水，说几句咒语，就声称能把病治好。至今仍有不少人迷信巫婆的神药。这种现象之所以能存在这么久，是因为有的时候它真的好像奏效了。但是，这和香灰、神水、咒语没有关系，巫婆实际上运用了"引导想象"的方式来治病。巫婆通过各种手段让病人想象她的巫术是有效的，巫术"起作用"主要也是由于患者相信巫术可以治愈他的病。

现代医学使用的"安慰剂"起作用的原理与古老的巫术是一样的。一位女士得了一种怪病，遍访名医也没有治愈。一位非常有名的医生来到女士所在的城市，她慕名前去看病。名医查明病情之后，给她开了药，并告诉她："这药是从美国带回来的，专门治你这种病。"女士高兴地买了药，经过几个疗程之后，真的康复了。其实，医生给她的药只是普通的维生素C，她的病需要的只是良性的暗示和积极的想象。

医学试验表明安慰剂能够达到真正药剂的某些作用，当医生和病人都相信安慰剂有效时，效果更加明显。

因此，暗示的内容与实际情况是否一致并不重要，重要的是全世界成千上万的人已经发现，基于这些心理暗示的行动会奏效。事实上，这些心理暗示很可能是情感智商背后的最大秘密。一旦你开始应用这些心理暗示，就会发现它们能激发你的潜能。

现在试用一下积极的想象和心理暗示，看看它们会给我们带来什么。很多心理暗示就像巫师的语言，它遵循伦纳德·欧尔定律："思想者想什么，证明者就证明什么。"

美国心理学家凯文曾做过这样一个实验。他请一位化学老师在课堂上把他介绍给学生们，他的身份变为化学博士。老师对学生们说："这位化学博士正在研制一种药物。这种药物无色无味，挥发性极强，吸入这种气体对人体有保健作用。但是它有一个缺点，就是在刚刚吸入的时候会让人感到头晕。""博士"拿着一瓶液体在每位同学面前晃了一下，然后问学生们："觉得头晕的同学请举手。"不少同学把手举起来。事实上，所谓"化学药物"只是一瓶自来水。

成功学大师陈安之有过这样一次经历：他想买一辆汽车——奔驰 \$320，但是当时根本买不起。于是，他把那辆汽车的图片贴在书桌前面，激励自己努力挣钱买到它。后来觉得这辆车有点贵，很难实现这个愿望，就把图片换成了奔驰 E230。

要想实现目标必须付出行动，为了得到自己想要的汽车，他努力工作，几个月之后，他的收入大增。当他挣到足够多的钱时，决定去买汽车了。在购买的前一天，他碰巧看到了他的学

生，得知他们也要买汽车——奔驰 E280。陈安之觉得自己不能输给学生，临时决定买奔驰 $320。这个戏剧性的变化，竟然使他实现了最初的目标。

人们头脑中的意识会有一种"心理导向效应"，即人的内心都会有一种强烈的接受外界暗示的愿望，并让自己的行为受其影响。如果我们每天要对自己大声地说赞扬的话语，并在内心确信自己确实如此，那么，我们就会跟着变得更积极，更有精力。

不要匆忙下定论

人们往往认为最初的印象是最深刻的，其停留在脑海中的时间也最长，很多人更是以第一印象作为评判人好坏的标准。

如此说来，最初的印象似乎是不可改变的。但实际上，事情却并非如此，随着时间的推移，停留在脑海中的最初印象也会发生变化，且这种变化通常都是反方向的。也就是说，最初的好印象会削弱，逐渐向坏的方向转变；最初的坏印象也会好转，逐渐向好的方向发展。这种现象就被称为"睡眠效应"。

很多人可能都有过类似的经历：在购买某件商品的时候本来特别喜欢，可没过几天就没那么喜欢了，甚至有些后悔当初买了它；在公交车上遇到一个不讲理的人，把自己气得半死，可过了几天后再想起这件事，却又觉得不值一提，甚至有些懊恼自己当时为何那样冲动。诸如此类的事很多，这类事情的发生就是睡眠效应作用的结果。

睡眠效应的出现主要是由人类自身的复杂性决定的。对于初次接触的人或事物，我们很难做一个全面的了解。因为人和事物都是多面性的，不可能在很短的时间内将全部的特性都展现出来。尤其是人，人们出于一种自我保护的心理，往往不会在陌生人面前袒露心扉，也不会让对方看到全面真实的自我。人性本身就是复杂多变的，再加上刻意的掩饰，要看到其完整的形象是根本不可能的。而随着时间的推移，彼此交往得越久，对彼此的了解就越深，这时必然会产生一些与初次见面时不太一样的印象。

通过睡眠效应，我们不难发现，用发展变化的眼光看待事物的重要意义。在进行人际方面的判断时，要给对方表现自己的时间，而不要匆忙下定论，否则，就是对别人和自己的不负责任，尤其，短时间内就给别人下不好的结论，也是不公平的。

有些人特别容易犯印象病，以第一印象评判某人。第一印象好的就什么都好，第一印象不好的就什么都不好。这显然是不妥的。无论对于任何事物，都不能只见一次就盖棺论定，那样难免会产生偏见。

睡眠效应也提醒我们不要在愤怒的时候采取什么行动。人都是情感动物，当情感占据上风的时候，往往容易做出一些冲动的事情来。尤其是在愤怒的时候，很容易做出伤人害己的事情来，到最后让双方都懊悔不已。所以，在感到愤怒时，千万不要被自己的情绪控制而采取行动。无论你当时想做什么，想说什么，都不要去做，也不要去说，给自己一点时间，待怒气退去以后，再决定采取什么行动。

美国前总统杰弗逊曾总结了一个在愤怒时控制情绪的方法："生气的时候，开口前先数到十，如果非常愤怒，就数到一百。"如果没有什么其他好办法，这个办法也不妨一试。

睡眠效应如果应用在购物中，可以帮助我们避免许多不必要的开支。比如，在购房或购车的时候千万不要一时冲动，马上做出购买的决定，至少应该给自己一周的时间冷静一下，在考虑好各方面情况以后，如果还是觉得值得购买，再买也不迟。

自卑是成功的阻力

自卑，就是一种消极的自我评价和自我意识，自己瞧不起自己，总是拿自己的弱点与别人的长处去比较，总觉得自己不如人，在人面前自惭形秽，从而丧失信心，悲观失望。

每个人的潜意识里都存在着自卑感，就连那些很成功的大人物也不例外。美国斯坦福大学的心理学家通过对一万多人的抽样调查结果进行研究发现，有40%的人有不同程度的害羞心理，并且男女比例基本持平。这说明，害怕、自卑心理不同程度地存在于每个人身上，人们的潜意识里都存在着自卑感，自卑使人产生对优越的渴望。

既然人人都有或多或少的自卑意识，如何看待自卑就十分重要了。有些人感到自卑的时候，他们能够自觉地激励自己发愤图强，克服自身的缺点和不足，积极发挥自己的主动性，获得成功，成功之后，他们的自信心就会增强。

相反，如果对自卑不能正确认识，处理不好，自卑就很容易销蚀人的斗志，就像一把潮湿的稻草，再也燃烧不起自信的火花。而长期被自卑笼罩的人，就很难取得成功。

1951年，英国女科学家富兰克林从自己拍得极为清晰的DNA的X射线衍射照片上，发现了DNA的螺旋结构，为此还专门举行了一场报告会。然而生性自卑多疑的富兰克林，总是怀疑自己论点的可靠性，后来竟然主动放弃了自己先前的假说。令富兰克林意外的是，就在两年之后，沃森和克里克也从照片上发现了DNA分子结构，并且提出了DNA的双螺旋结构的假说。这一假说标志着生物时代的开端，他们两人因此获得1962年的诺贝尔医学奖。

如果富兰克林是个对自己很有信心的人，相信自己的发现，坚持自己的假说，并继续进行深入的研究，那么这一具有里程碑意义的发现就将永远记在她的名下了。

自卑是成功的阻力，只有战胜自卑，我们才能达到成功的彼岸。战胜自卑的过程就是逐步战胜自我的过程。贝利作为现代足球界的王者，也并不是从一开始就潇洒自信。当他要加入巴西最著名的桑托斯足球队时，竟然紧张得一夜睡不着觉。他总是这样想，那里的优秀球员太多了，到了那里，他们有可能会用他们优异的球技来衬托我的愚蠢，从而会嘲笑我，看不起我。可是到了第二天上场训练的时候，第一场球教练就让他打主力中锋。

刚上场时，他的双腿都不知往哪个方向跑了，但是渐渐地，他发现了自己的长处，自己的球技十分好，即便是在大牌球星面前也可以拼一拼，于是，他有了自信。从此一上球场，他就这样对自己说："我是在踢球，不管对手是谁，球星也好，木桩也好，我都必须绕过他，射门，进球。"

贝利战胜了自卑，发挥了自己的特长，最终成了世界级球王。

嫉妒心理是一种破坏性因素

嫉妒是一种普遍的社会心理现象，是指自己的成就、名誉、地位或境遇被他人超越，或彼此距离缩短时，所产生的一种由羞愧、恼恨等组成的综合情绪。

《现代汉语词典》关于嫉妒的解释是：对才能、名誉、地位或境遇等比自己好的人心怀怨恨。因此，我们可以做出这样的判断：嫉妒心理的产生是差别和比较的产物，这种差别和比较的结

果是心理极端不平衡，并且这种不平衡还会与不满、怨恨、烦恼、恐惧等消极情绪联结起来，一边折磨嫉妒者，一边尽可能地或者是不择手段地摧毁被嫉妒者的一切优点。

芸芸众生中，嫉妒的内容各不相同，有针对名誉、地位的，有针对钱财、爱情的，最厉害的一种是：只要是别人有的，都在嫉妒之内。而由内容推演出的嫉妒的表现形式就更为千姿百态了。

最激烈的嫉妒心理会表现出很强的攻击性，他们往往不看别人的优点、长处，而总是挑剔别人的毛病，甚至不惜颠倒黑白，弄虚作假。他的目的在于一定要颠倒被攻击者的形象。

还有一种产生于同一时代、同一部门的同一水平的人中间的嫉妒心理，这种嫉妒心理表现出很明显的指向性。原因很简单，就是因为曾经"平起平坐"过，或是曾经"不如自己"过，如今成了"能干"者，从而使嫉妒者产生抵触和对抗。

不管是哪一类的嫉妒心理，都会伴随着一定的发泄性行为，或表现在言语上的冷嘲热讽，或表现在行为上的冷淡、疏远，抑或是攻击性更强的行为。

此外，还有一种很含蓄的嫉妒行为，也许是出于惧怕舆论和道德的谴责，这种嫉妒心理一般都不愿直接地表露出来，而是千方百计地伪装。如本来是嫉妒某人的某一方面，却不敢直言，故意拐弯抹角地从另一方面进行指责或攻击。

通过嫉妒的种种表现，我们完全可以得出这样一个结论：嫉妒心理是一种破坏性因素，对生活、学习、工作都会产生消极的影响。出于嫉妒，人们就要把自己置于一种心灵的地狱之中，折磨自己，折磨别人，但折磨来折磨去，被嫉妒者毫发无损，嫉妒者却洋相百出，落个"赔了夫人又折兵"的下场。最可怜的是，还会伤及身体健康：妒火中烧而得不到适宜的发泄时，内分泌系统会功能失调，导致心血管或神经系统功能紊乱而影响身心健康；嫉妒心强的人易患心脏病，而且死亡率也高。此外，如头痛、胃痛、高血压等，易发生于嫉妒心强的人，并且药物的治疗效果也较差。

作为社会人，应该把目光放长远一些，不要过分计较一时的得失，不要把名声看得过重，摆脱自我为中心的狭隘观念，潇洒地面对生活。一个人如果过高估计自己的能力，总有一种怀才不遇的心理，就会对别人的成就产生嫉妒。拥有一颗平常心，就不会产生强烈的心理落差了。把自己当成金子，常有被埋没的痛苦；而把自己当成铺路石，就会为有人踏过而欣喜。

在生活中，要看到别人取得的成就中蕴含着的辛苦和智慧，并从中受到鼓舞和教益，找出自己的问题和别人的差距，然后奋起直追，缩小差距。此外，还要注意充实自己的生活。如果我们工作、学习的节奏很紧张，生活过得很充实，就没有闲心去嫉妒别人了。

德国有一句谚语：好嫉妒的人会因为邻居的身体发福而越发憔悴。还有人说好嫉妒的人 40 岁的脸上就写满了 50 岁的沧桑。培根还说：嫉妒这恶魔总是在暗暗地、悄悄地"毁掉人间的好东西"。

伪装是缺乏自信与自尊的表现

有一位非常优秀的人，他一直很低落，也很沮丧。当有人问到为何如此时，他提到自己的一个"无关痛痒"的小毛病，那就是在任何情况下都要稍微夸大一下他的成就。如果他在一笔商业交易中获取 10 万元的利润，他就会告诉别人他赚了 10.5 万元。

如果他在高尔夫球场打出了 76 杆，他就会告诉别人他打出了 78 杆。即使以大多数人的标准，他所取得的成就已经非常显著，他还是愿意把自己的成就再夸大一些，以使自己看起来更加成功。

这种现象被心理学家称为"对平凡的恐惧"。对于那些生活在恐惧之中而又试图找到自信的人来说，伪装成高高在上的样子就是自我保护的一种形式，是对脆弱并且伤痕累累的自我所做的最后保护。

19 世纪 70 年代，西方心理学家潜心研究出了当时非常著名的"自信之潮"现象，教授自信的课程在当时风靡一时。他们非常著名的观点就是"假装自信直至你真正做到自信为止"。殊不知，这样做确实是错误的，当伪装的自我处于上风时，事情往往会变得更糟糕。

伪装正是缺乏自信与自尊的表现。这就好比一个人整日戴着"自信"的面具，不能真实、充分地表现自己，结果就失去了证明自己、让别人了解自己的机会，长此以往，即使一个人有再多的潜力，由于总是伪装，就会对自己究竟是谁感到无所适从，这样不仅培养不起自信，原有的一点点自信也会动摇以致湮灭。

令人遗憾的是，大多数人对这种现象没有进行积极的回应，去探索更加令人信服的方法，而是继续沉迷于此，于是很多人比以前更加卖力地伪装自己。

无论何时，当人们开始伪装自己时，就会从态度和行为上刻意地表现自我，这是内心缺乏自信的一个信号。无论是古怪的着装，还是刻意的滔滔不绝，只不过是为了弥补对平凡的恐惧罢了。

更为糟糕的是，伪装自信的人不单单是努力建立自信，他们还试图让身边的人变得没有自信，从而表现出自己的高高在上。他们以自己的财富、名誉或是地位作为武器，强调智力上的优越感，来压制周围不如他们的人。他们把自信与傲慢无礼混淆在一起，他们也因此混淆了外在表现与内心力量的区别。他们很爱与不如自己的人交往，以此显示出自己的自信，甚至对不如自己的人傲慢无礼。结果，这些人会在伪装中失去了自我，在表现自己的时候走进了误区。他们往往为了追求不切实际的效果，简单照搬一些偶像人物的言谈举止，给人留下夸张、虚假的印象。这样不仅自己很累，给人的感觉也不好。

第五章　自我心理：积极地锤炼自己卓越的才能

第六章

社交心理：与人和谐共处有方法

多角度了解自己和别人

《孙子兵法》有云："知己知彼，百战不殆。"人际交往也是一样，只有充分了解了自己和别人，才能掌握交往关系的整体状况。这一点，在商业谈判中尤为重要。只有了解自己，才能满足自己的需要，实现自己的利益；只有了解对方，并站在对方的角度看问题，才能提前预测对方的行动，从而控制谈判的发展方向。

人际交往中，常常会因为自己的观点和别人的观点有差异而造成许多矛盾，而了解自己和别人就能摆脱单一的视角，是解决矛盾的最佳途径。

人际交往中至少存在四种看待人际关系的角度：

站在自己的角度

"自己的角度"就是从自己的角度看待问题。遇到问题时就要问问自己：我的感觉如何？我想得到什么？比如：和他谈话我感到很开心；他让我感到很紧张；我希望从这份工作中得到更多的成就感。这种人站在自己的立场去看，去听，去感觉，他们强烈地知道自己想要什么。

站在自己的立场上看问题，才能避免迷失自己。但是，要想全面地看待问题，还需要站在别人的角度，体会别人的感受和需求，把自己的感受和别人的感受进行对比分析。

站在对方的角度

"对方的角度"就是站在别人的角度去看，去听，去感觉，也就是通过移情体会别人的感受。比如，员工站在老板的角度思考问题，就会知道老板希望自己尽职尽责地工作，尽量提高工作效率；老板站在员工的角度思考问题，就会知道员工希望提高待遇和福利。员工与老板是一对矛盾统一体，他们的利益既对立又统一。要想使他们的关系和谐发展，就必须满足双方的利益。双方如果都为对方着想，满足彼此的需求，就会使企业和谐发展。

站在别人的角度，就能强烈地感受到别人的感觉和需求。通过这一视角的观察，能很好地理解别人的思想和行为。

为了提高自己这方面的能力，可以想象自己坐到别人的位置上，问问自己：如果你站在别人的角度上会怎么看待问题，会有什么感觉？

站在别人的角度看问题是对原来自己的否定，开始时，你也许会感到不适应，但是习惯之后，就会做出和别人相同的行为或类似的反应。

站在第三者的角度

用第三者的角度看问题，可以不掺杂自己的感情，客观地看待自己的优点和缺点，扬长避短，发挥自己的优势；可以客观地看待自己和别人的关系，满足双方的利益。

第三者的角度有助于我们掌握整个关系的发展，协调敌对双方的关系。要想掌握第三者的角度，可以多问问自己：在人际关系中，自己和别人的行为是如何相互影响的，矛盾在哪里，需要怎么做才能改善关系。

站在系统的角度

"系统的角度"可以帮助我们把自己和别人紧密联系在一起，更进一步了解自己和别人的关系；可以帮助我们感受到系统

中不同部分的相互作用，更加关注系统各部分之间是否和谐。比如，在一个企业中，老板与员工共同构成一个系统。从系统的角度看问题，我们不代表老板的利益，也不代表员工的利益，而是代表企业的整体利益。为了增强系统思维的能力，我们可以找到矛盾双方对整体造成的压力，想象这些压力发生在自己身上，这样可以促使我们找到问题的关键，协调系统内部的矛盾。

从系统的角度看问题，对提高人际交往的能力非常重要。任何人际关系都可以看作是一个系统，为了系统整体的和谐与发展，各部分都应该采取恰当的行动。

通过以上这四种视角，我们可以很好地了解自己，了解别人，了解整个人际交往系统。

与人和谐共处要注意的事项

性格与人际关系的密切联系是绝对不能忽视的。在交往中，每个人都会表现出或多或少的缺陷。若想与人和谐相处，使人际关系更加完美，最重要的一点就是要全面、清晰、客观地了解真实的自己，然后再根据自己和社交对象的性格类型，来把握与其接触时应该注意的地方，以使自己的人际关系日臻完美。

大千世界，人们的性格表现千差万别，不过归纳起来大体可以分为两大类型：内向性格或比较倾向于内向性格、外向性格或比较倾向于外向性格。通常认为，外向型的人活泼开朗，能言善辩，善于交际；内向型的人文静内敛，讷口拙言，不善交际。然而世上没有完美的性格，任何一种性格都存在着积极和消极的两个方面，既有优点，又有不足。

如果你是外向型性格的人，一般来说会比较擅长交际。你活泼阳光，充满活力，善于社交，乐于助人，能够轻松赢取他人的好感，人际关系十分和谐；你擅长自我表现，能言善辩，诙谐幽默，与陌生人相处也毫不胆怯，能够轻松地引导现场气氛。

不过，也有一些地方需要注意：

1. 不要凭表面现象轻易地对人做出好恶评价，不要用眼前的利害得失来选择腿友。

2. 尽可能地努力维持一些值得深交的朋友。

3. 要守时，守约定，谨慎遵守各项规范，尤其在上级或关系比较生疏的人面前，应时刻保持礼仪，多用敬辞、谦语，多讲客套话，切不可采取粗鲁、轻浮的态度。

4. 在社交活动中调和气氛时，切勿说些低级的、轻薄的笑话和故事，否则你的形象会在别人心里大打折扣。

5. 在谈判过程中，不应轻言放弃，努力保持柔和的态度，充满耐心，谨记"欲速则不达"。

6. 在与内向型的人交往时，应当尽量让自己的神经变得"纤细"一些，细心，耐心，多观察对方情绪状态的变化，充分考虑各方面的因素，谨慎行事，避免引起对方不悦，或对其造成伤害。

7. 内向型的人一般思虑深远，慎重务实，如果你的上司是这种类型，则务必要严守规矩，时刻保持紧张认真的工作状态，切莫粗心大意、玩忽职守。

内向型性格的人，沉稳踏实，善于思考，耐心谨慎，冷静理智，自制力强，平易近人，坚忍执着，但亦有敏感多疑、个性消极、固执拘谨、因循守旧、精神懒散、反应迟钝、行动缓慢的特性。作为内向型性格的人，应该明确这样的观念：内向性格不等于不良性格，更不是成功交际的障碍；只要认识自己，把握好方法，充分发挥性格中的优势，巧妙规避个性的不足，同样可以拥

有很好的人际关系。

内向型性格中诚实、认真、踏实的一面容易给人留下好印象，但是，因为内向型性格的人对人群比较疏离，一般会采取非常慎重的人际交往方式，有时候还会有些顽固、古板，这也是很不利于社交的，因此，在与人交往时，性格内向的人应该克服自己性格中的不利因素：

1. 彻底地认同自己，了解并承认自己性格中的优点和劣势，不要过于追求完美，不要过度压抑自己的情绪和欲望，给自己留一点"人格余地"。

2. 多培养一些兴趣爱好，多与他人接触，尽量多去交朋友、培养友情，走出孤独的心境。

3. 与人交际的过程中，无须太在意对方的想法和态度，避免给人留下懦弱、没有自信的负面印象。

4. 积极地肯定自我，学会欣赏自己目光敏锐、见解精辟、一语中的等长处。

5. 努力将性格中善良和温柔的特征向着更坚韧的方向发展，达到另一种形式的坚强和勇敢。

6. 与人交往时，应当尽量阳光、爽朗一些，不要给别人留下忧郁、高深莫测，甚至阴险的印象。

7. 多关心对方的观点、想法、情绪、表情、行为等，遇到自己不感兴趣的问题时，不要立即明显地表示"无聊透顶"的态度来。

8. 尽量主动地努力发掘有趣的、快乐的话题，做一个善于倾听、善于赞美的谈话对象。

9. 不要因为鸡毛蒜皮的小事影响心情，学会宽容，注意"己所不欲，勿施于人"。

10. 应该适当发挥圆通性及随机应变的能力，给人留下善解人意、成熟周到的印象。

11. 与外向型的人交往时，应尽可能多地发现对方的优点和特长，然后毫不吝啬地给予肯定和称赞，这会让他们喜不自禁，并对你产生认同感。

与人保持一致，能增强亲和力

心理学家发现，在交谈过程中，如果我们喜欢一个人或者认同一个人，我们的语言表达方式和肢体语言就会趋向于与他相同。由此，我们可以得出这样一个结论：模仿别人的语气和姿势可以增强自己的亲和力，获得对方的认同，减少抵触和防备心理。

有人做过一个实验，与人交谈时，注意观察他的说话方式和肢体语言，然后调整自己的说话方式和肢体语言，尽量与对方相似。他发现这样可以拉近双方的关系，更加有利于沟通。这在神经语言程序学上被称为"匹配"——说话方式和肢体语言越不匹配，沟通的障碍就越大。当人们发现你与他们不匹配，就会认为你不愿意与他们交流，或者认为你根本就不理解他们所说的话。

在这一点上，顶尖的销售高手做得非常好，他们很善于通过改变自己的说话方式和肢体语言，去适应潜在顾客的特性，以便于与客户保持一致。与说话对象保持一致，是人际交往中提高亲和力的重要一步。

维持在一个让对方感到舒适的距离

人们在进行交际时，空间位置和距离具有重要意义。它不仅

体现出双方的亲疏远近，还能反映出一个人的心理状态和文化背景。美国人类学家霍尔博士研究出了四种表示不同关系的空间距离：

亲密距离：0～45cm，交谈双方关系密切，身体的距离从直接接触到相距约45厘米之间，这种距离适于双方关系最为密切的场合，比如说夫妻及恋人之间。

私人距离：45～120cm，好朋友、熟人或亲戚之间往来一般以这个距离为宜。

社交距离：120～360cm，用于处理非个人事物的场合中，如进行一般社交活动，或在办公时应采取这个距离。

公共距离：360～750cm，适用于非正式的聚会，如在公共场所听演出等。

与人交谈时，要尊重对方的空间距离，维持在一个让对方感到舒适的距离。如果距离太近会让对方感到紧迫，如果距离太远会让对方感到疏远，都不利于建立良好的互动关系。

适应对方的音调

语音和语调可以反映一个人所处的特定状态。由于健康状态、生存环境、文化修养的不同，人的声音各不相同，有的浑厚，有的沙哑，有的充满磁性，有的非常尖利。在与人交流时，我们要注意对方的音调，通过声音了解对方的态度、情感和意见。

在交流中，我们还应该了解对方的音调，适应对方的音调。如果谈话对象的语速较快，就要调整自己的语速，适应对方的语速，这样才能赢得对方的好感，促进良好的交流效果。

选对方感兴趣的话题说

人们都对自己谈论的事情感兴趣，要想引起对方的兴趣，就要注意对方在谈论什么，然后投其所好。在交流时一定要做一个好的倾听者，注意对方在说什么，通过他表达的内容了解他关心的话题。如果他对政治感兴趣，就要谈与政治有关的话题；如果他对经济感兴趣，那就谈与经济感兴趣的话题。要想与他建立良好的关系，就要知道对方的兴趣所在。

自然模仿对方的口头禅和经典动作

每个人都有自己的口头禅或者经典动作，比如有的人经常说"随便"，有的人经常说"天啊"，有的人会习惯性地挠头，有的人有属于自己的微笑方式……一个人的"口头禅"和经典动作能够传达出一些特定的信息。在与人交往时，要注意别人的口头禅和经典动作，揣测他的心理状态，并自然地模仿他说类似的话，或做出类似的动作，然后观察他的反应。

肢体语言

肢体语言在社交中无时无刻不在传递信息，在与人交流时，要注意他们的面部表情、身体姿势、手势、动作所暗示的信息。观察肢体语言时，要注意每一个细节，注意最小的信号所表达的肢体语言的变化。

在观察别人的肢体语言时，需要注意以下几点：

身体姿势：他的站姿怎么样？坐姿怎么样？肩膀如何放置？头部、脖子做出了什么姿势？他是如何保持身体平衡的？

动作：他是如何走动的？如何平衡他的脚步？身体各部位常做什么动作？

手势：在交流中，他如何使用双手？手臂常常做出什么样的姿势和动作？

眼睛：关注他眨眼的频率、眼球的转动、凝视的方向和焦点、眼睛的湿润度以及眼睛睁开的缝隙。

面部表情：脸颊、嘴唇、眉毛、下颌、额头的形状、颜色、光泽度以及面部肌肉的拉伸动作。

呼吸：舒缓的呼吸，还是急促的呼吸？深呼吸，还是很浅的呼吸？

适应对方的感官通道

不同的人有不同的感官通道。有的人是视觉型的，他在交流时，就会倾向于使用视觉的词语，比如"我看清楚了这个问题"。有的人是听觉型的，他在交流时，就倾向于使用听觉的词语，比如"这个主意听起来不错"。与人交流时，要注意对方擅长的感官通道，适应他的感官通道。在表达时要使用对方所熟悉的表达方式。

判断对方的信念和价值观

由于家庭环境、教育背景、个性特征的不同，每个人的价值观和世界观也有所不同。有些人看中物质享受，有些人追求精神境界，有些人认为法律应该更严格些，有些人认为应该有更多的假期。在交流时，要注意通过对方词语强调的方式判断他的信念和价值观，然后投其所好。如果双方观点有冲突，可以用一种委婉的方式提出来，但是要避免冲突。

恰当地运用幽默可以化解危机

在人际交往过程中，如果你想说服别人，但是尝试着用很多种方法都无济于事时，不妨提起你的"宠物青蛙"。

这是一个非常有趣的研究，研究中实验的参与者与艺术品的售卖者进行讨价还价。在谈判快结束时，售卖者要进行最后的报价，只是有两种不同的报价方式。一种报价方式是，售卖者表示坚持原来的价格，不能做出让步；而另一种报价方式也是坚持原来的价格，不能做出让步，只是在最后增添了一点儿小幽默。比如，售卖者会说："我仍然坚持原来的价格，不能再低了，否则我的宠物青蛙都要跳出来替我说话了。"在听到"宠物青蛙"时，参与者都做出了让步。这说明在短短的时间内，幽默产生了巨大的作用。虽然说最后的报价仍然是原来的价格，参与者更愿意接受第二种掺杂幽默色彩的报价方式。

由此看来，幽默的作用不可小视，它让参与者处于良好的情绪状态，在同等价格的情况下，更愿意做出让步。因此，当你要争取自己想要的东西时，请尝试着用幽默去点燃别人。

可见，幽默在人际交往中发挥着重要的作用。美国一位心理学家说过："幽默是一种最有趣、最有感染力、最具有普遍意义的传递艺术。"在社会交往中，难免会发生一些冲突、误会和矛盾。恰当地运用幽默，不仅可以化解危机，淡化矛盾，消除误会，还可以使人迅速摆脱困境，避免尴尬，缓和气氛。

例如，在一辆拥挤的公共汽车上，由于紧急刹车，一个小伙子无意中碰了一位姑娘，姑娘马上出言不逊，骂了一句"德行"。小伙子却不急不恼，风趣地说道："对不起，这不是德性，是惯性。"车上的乘客哄然大笑，姑娘则羞愧难当。小伙子凭借

着高超的幽默感，成功地化解了一场即将爆发的冲突。

同样，在一次奥斯卡的颁奖典礼上，一位刚刚获奖的女演员准备上台领奖，也许是因为过于兴奋和激动，被自己的晚礼服长裙绊住了脚而摔倒在舞台边上。当时全场静默，这么多观众都在台下坐着，这难免让人感到尴尬和窘迫，因为从来没有人在这样盛大的晚会上摔倒过。但是，女演员迅速地起身，然后真挚而感慨地说："为了能够走到今天的这个舞台上，实现我的梦想，我这一路走得艰辛而坎坷，付出了很多代价，甚至有时跌跌撞撞。"这时，全场爆发出雷鸣般的掌声。女演员凭借自己的幽默感，不仅成功地化解了危机，还得到了更多人的认可。

古希腊著名的哲学家苏格拉底也是一个善于使用幽默的人。据记载，苏格拉底的妻子是一位性情非常急躁的人，往往当众给这位著名的哲学家难堪。有一次，苏格拉底在同几位学生讨论某个学术问题时，他的妻子不知何故，忽然叫骂起来，震撼了整个课堂。继而，他的妻子又提起一桶凉水冲着苏格拉底泼了出去，致使苏格拉底全身湿透。当学生们感到十分尴尬而又不知所措时，只见苏格拉底诙谐地笑了起来，并且幽默地说："我早知道打雷之后一定要跟着下雨的。"虽然只是一句简短的话，但是既淡化了矛盾，化解了危机，又不至于让自己很尴尬。而且妻子的怒气出现了"阴转多云"到"多云转晴"的良性变化。他的学生听了之后都欣然大笑起来，不得不敬佩这位智者的素质和坦荡胸怀。

幽默的确是一门艺术，也是一种修养。

先接受再拒绝的 "Yes，But" 定律

先接受再拒绝的 "Yes，But" 定律。这很像我们语文中学习过的一种称作 "先扬后抑" 或 "先褒后贬" 的修辞手法，也就是说当你想贬低或批评一个人时，先对他身上的可取之处进行表扬然后再进行批评，比直接批评他身上的缺点和毛病更能让人接受。同样，在沟通过程中，如果你不同意某个人的想法和意见时，先要指出其中的可取之处，然后再批评其中的错误和不当之处，这样反而让人更容易接受。用一句比较通俗的话说，就是先给他吃一颗甜枣，然后再给他一粒药丸，这样就不会觉得药丸很苦了，甚至还能感到枣的甜味。

这种先说 Yes 再说 But 的沟通方式对个人的发展有很重要的作用，尤其是对那些刚出校园的年轻人。年轻人刚踏入社会，总是希望尽快地崭露头角，抓住一切能够表现自己的机会，这些都无可厚非。可是，不能因为这样就不顾及别人的感受，将自己的想法强加于别人。在沟通中掌握一定的技巧，则会起到事半功倍的效果。

众所周知，从事销售行业的人主要靠说话吃饭，天天和形形色色的人打交道，更要学会沟通的技巧。以保险公司的推销员为例，这可能是不受别人待见的职业之一了吧。当你向客户推销保险时，他们可能会很不耐烦，甚至会丢下一句话 "我对保险不感兴趣"，从而将很多销售人员拒之门外。有些销售人员可能就会知难而退，觉得毫无希望了，而那些优秀的销售人员则会尽力给自己争取机会，赢得说话的权利。比如他们会说："您说得的确很有道理，我们都希望自己的家人朋友健健康康的，没有什么意外发生。谁会对这种与生、老、病、死有关的事情感兴趣呢？

其实，我自己对保险也没什么兴趣。"这样顺着客户的意思先说 Yes，反而为自己赢得了说话的机会。这时，客户就不会那么反感了，反而会觉得你很真诚，会继续和你交流下去。这样你就可以抓住机会，向他讲述保险对人的重要性，"虽然我们对保险都不感兴趣，但是生活中总会有这样或那样的意外发生，未雨绸缪、防患于未然总不是什么坏事情"等，这样就大大增加了推销成功的可能性。

可是，如果一开始，我们就否定客户的说法，只会引起客户的反感，这样我们连说话的机会都没有了。先对他的说法表示认同，然后再表明自己的态度和立场，告诉他保险的重要性等。不仅缓和了之前的紧张气氛，还为自己赢得了机会。看来这种人际沟通中的"Yes，But"定律真的很有效果。

在心理咨询中有一个很重要的原则，那就是倾听。在这里也同样适用，在和别人进行沟通时，同样要学会倾听别人的意见。也就是说，在说 Yes 之前要先学会倾听，不要未等别人把话说完就打断，这样很不礼貌。同时，也会让别人觉得自己不受尊重，觉得你是在应付他。另外，在说 But 时语气不能强硬，一定要委婉。当和别人的意见相冲突时，表明自己态度时要圆滑一点儿，不要一竿子打死一船人，要给对方留有余地。这样不仅对方能够感受到你对他的尊重，而且不同的意见在发生碰撞时还能迸发出智慧的火花。

"Yes，But"定律是一种人际沟通技巧，同时也是重要的处世之道，更是一种以退为进的谋略，有助于我们更好地和别人进行沟通和交流，建立良好的人际关系。

拉近心理距离的方法

心理学中有一个刺猬理论，说的是这样一个故事：两只小刺猬共住在一个山洞里。这天天气异常寒冷，两只刺猬被冻得哆哆嗦嗦的。它们为了取暖拥挤在一起时，却感觉到了一阵刺痛，原来它们都被对方的刺扎伤了。于是，它们又分开了，可分开后没多久又都冷得打起寒战来。经过几次磨合，它们终于找到了合适的距离，既能取暖，又不至于被扎伤。

这就是所谓的"距离产生美"——保持恰当的距离容易让人产生审美经验。

"审美经验"是心理学上的一个专有名词，它的内涵是指人在审美活动中的特殊感受和状态。具体地说，如果距离太远，审美活动中的双方就会脱离联系，审美主体就不会感受到审美客体蕴含的美感，审美客体就不容易发挥自己的感染力；如果距离太近，审美活动中的主体又会给对方造成压迫感和威胁感，更不利于主客体的交流。

美感在适度的距离上产生，情感在适度的距离上升华。人们都把亲密无间作为交朋友的最高境界，其实这只是一种美好的愿望，亲密是常见的，无间是不可能的。

距离有一种"自我矛盾"——远与近的矛盾，解决好这一矛盾，心理距离才能真正发挥其审美功能。

生活中，我们总是看到这样一些人，他们习惯于将自己的内心裹得严严实实的，不希望别人走进来，只有这样自己的心里才有安全感。其实不然，越是这样的人内心越是需要别人的理解，越是渴望能够和别人交流，希望和别人拉近心理距离。相信我们每个人都喜欢"真实""坦诚"这些美好的字眼，在人际交往过

程中，我们总是希望和别人能进行心灵上的交流和沟通，同时希望对方也能对我们坦诚相见，这样双方才能感受得到在心理上离得很近。

我们有时候会发现，由于某一次推心置腹的交谈，你和一个人的关系突然之间就拉近了很多，同样也会因为一次不够真诚或很敷衍地交谈，朋友之间的距离反而变得远了。有时候随意聊天的男女会突然对彼此产生爱的感觉；有时候恋爱双方会因为某一件事情，感情突然加深很多。而这种心理距离的缩短在很大程度上得益于双方之间敞开心扉。在心理学中，这种沟通和交流的方式叫作"自我告白"。这种方法能够迅速地拉近你和别人的距离，比如，你向一个人诉说自己的秘密或家庭内部的一些问题，这种自我暴露的方式会增加彼此的亲密感。因为对于说的人来说，这种自我告白能够缓解自己内心的压力，而听的人会觉得对方是出于信任才会向自己倾诉。同时，听的人也会以同样的方式，以相同的程度进行自我告白，他们认为对方那么信任我，我也应该同样信任对方才是。这被称为"自我告白的回报性"。生活中我们也许会发现，与男性相比，女性更善于使用这种自我告白的方式来建立良好的人际关系。

此外，在心理学中还有一种与自我告白类似的方法，即"自我呈现"，是指意识到别人对自己的关注之后，然后有意识地去以对方期待的方式来塑造自己的行为。这同样是一种人际沟通的技巧和方式，但是在自我呈现的过程中，为了迎合对方的期待，难免会美化或吹嘘自己，与真实情况不相符合。这样不仅达不到拉近心理距离的效果，反而会让对方反感，不再愿意和你相处下去。

距离产生美，但如果过分保持距离，也会使双方变得疏远，甚至互相遗忘，所以，在人际交往中，"亲密有间，疏而不远"就显得很重要了。

发生人际冲突时该怎么办

人际冲突一般是指个人与个人之间的冲突——由于性别、年龄、生活背景、教育程度和文化背景等的差异，导致每个人对问题的看法不尽相同，于是，人与人之间的沟通和合作就出现了问题。

要想妥善处理人际关系，就要从多角度看待问题，找到有效的方法解决矛盾冲突。如果只站在自己的角度看问题，就会以自我为中心，认为自己对，别人错，就会加剧矛盾冲突。如果只关注自己的需要，只考虑自己的利益，就看不到别人的需求。

人际关系学家戴尔·卡耐基提出了管理人际冲突的几个原则：

避免冲突。管理人际冲突的最好办法是避免和人发生争辩。即便我们在辩论上胜了对方，把对方的观点批得体无完肤，但那也只是获得了表面上的胜利。实质上，我们已经很让对方感到自卑，对对方心怀不满，原先的和谐关系已经因为我们的辩论而被破坏掉了。

尊重别人的意见，永远别指责别人的错误。耶稣曾经说过："赶快赞同你的反对者。"因为不管是上司、下属，还是家人、朋友，我们越是否定他的意见，就越会激怒他，越是指责他，就越会让他和我们对着干。这当然不是我们希望的结果。要想获得别人对我们的认同，就要尊重别人的意见。如果道理在我们这边，我们应该巧妙地说服别人，婉转地让别人赞同我们的观点，而不是通过否定和批驳对方来证明自己是正确的。

如果犯了错误，就迅速坦然地承认。林肯曾说过这样一句话："一滴蜂蜜比一加仑胆汁能捕到更多的苍蝇。"人与人相处也是如此，犯了错误之后，如果在别人责备我们之前，首先承认错误，这比听到别人的批评要好受得多，而且对方很可能会谅解我们，不再追究我们的过错。快速、坦率地承认自己的错误比找各种理由替自己辩护效果更好。

以友善的方法开始。如果一个人一开始就对我们抱有成见，他就不会接受我们的意见。当两个人发生矛盾冲突时，如果我们以敌对、仇视的态度对待别人，别人必然会与我们针锋相对，就会使矛盾不断升级。解决的出路是平心静气地坐下来，找到问题的原因所在。温柔、友善的力量永远胜过愤怒和暴力。我们应该用温和的态度提出自己有力的见解，而不是进行无谓的争辩。

让对方给我们一个肯定的答复。在交谈时，让对方说"是的"，他就会忘记争执，逐渐同意我们的观点并接受我们的意见。如果一个人说出"不"字之后，他的内心就潜伏了负面情绪，形成拒绝和敌对的状态。即使后来他发现自己的观点是错误的，为了维护尊严，他不得不坚持到底。相反，当一个人说"是"之后，他就会处于一种接受、开放的状态。引导别人说"是"，就能使谈话走向有利于你的方向。这种方法在谈判或销售工作中是非常实用的。

以肯定的回答作为辩论的基础，这种方法是著名的苏格拉底辩论法。苏格拉底与人辩论时向对方提出一系列问题，这些问题都能为对方接受并赞同。他不断地获得肯定的回答，最后对方在不知不觉中就接受了以前自己坚决否定的结论。

尽量给别人表达的机会。了解别人的想法是站在别人的角度思考问题的前提。我们必须知道对方是怎么想的，才能找到问题出在哪里。因此，我们应该给对方表达的机会，鼓励对方把他要说的话全部表达出来。每个人的观点都应该得到尊重。有时我们以为自己知道对方是怎么想的，但是那只是我们自己的想法，并不是对方的真实想法。

　　使对方以为这是他的意思。下级想让上级采纳自己的意见时，使用这种方法是非常有效的。没有人愿意被迫遵照别人的命令行事，每个人都喜欢按照自己的心愿做事，如果强迫别人接受我们的意见，就会引起抵制情绪。要想让别人支持我们，就要征求别人的想法和意见，而不是强迫对方接受我们的意见。

　　诚实地以他人的立场来看待事物。当有人做了让我们不满意的事情时，我们应该试着去理解他、原谅他，而不是一味地责备他——每个人做事都有他自己的原因，如果我们知道事情的原因，就不会厌恶这个结果了；如果我们能处处替别人着想，学会以别人的角度看待问题，就可以避免很多矛盾冲突；理解别人才会同情别人，同情是停止争辩、消除怨恨、制造好感的良方；当发生冲突时，告诉对方："如果我是你的话，我也会这样做。"为他人着想是减少摩擦，建立和谐关系的重要途径。

第六章　社交心理：与人和谐共处有方法

成功心理：发挥好自己的创造力

不要把自己的目标隐藏在心中

在不同的时期、不同的情况下，我们总是在为自己制定不同的目标，比如，这学期我要好好学习，从明天开始我要减肥，等等。在确定某一目标之后，人们通常会有两种表现，一种是不向任何人透露，内心坚守着自己的目标并默默地为之付出行动；另一种则是希望向所有的人宣布自己实现目标的决心。我们通常认为，第一种人实现自己目标的可能性更大，而第二种人更善于夸夸其谈。然而，事实并非如此。

来自心理学的研究表明，越是公开向别人表达自己的观点，宣布自己的目标，就越有利于坚持自己的观点和目标。但是，值得注意的是，只是单纯公开自己的目标是没有作用的，我们同样需要有坚强的意志，能够为了实现目标而不断地付出自己的努力，这样我们的目标才会离我们越来越近。

在一项经典的研究中，要求参与者在不同的条件下宣布自己的想法。实验任务就是要求他们判断画在黑板上的线段的长度。第一组的参与者只需要在心里估计就行了，而第二组的参与者要将自己的估计写在纸上，并且要签上自己的名字，然后交给实验者。然后，两组的参与者被告知他们的估计可能有错，问他们是否要更改自己的判断。结果表明，将自己的判断公之于众的参与者更坚持自己的判断。另外的一些研究也得到了同样的结果，即将自己的目标告诉越多的人，就越有动力去实现它。

通常我们会认为，一旦制定了某一个目标之后，越少的人知道越好，这样也不会给自己造成太大的压力，即使不能实现，别人也不会知道，自己的能力和水平也不必遭到别人的怀疑和鄙视。而恰恰正是因为这样，我们总喜欢将自己的目标隐藏在心中，不向别人提起，实际上这样对于目标的实现毫无益处。

事实上，我们确立目标的目的就是为了实现它，因此，不妨将你的决心告诉家人、朋友，甚至是不相干的人，如果条件允许的话，你还可以将自己的决心以日志的形式写出来，或者把它贴在家中或办公室里很显眼的地方，让更多的人能看到。这样为了不让别人笑话你是个夸夸其谈、只说不做的家伙，你就会为实现自己的目标而努力，同时你的家人和朋友也会监督你去实现目标，甚至是在你遭遇到困难的时候向你伸出援助之手。即使他们什么也不做，只是默默地陪在你身边，都可以帮助你提高成功的可能性。因为有研究表明，当有朋友的陪伴时，人们往往将任务估计得相对容易。来自英格兰普利茅斯大学的研究者们对这个问题进行了一系列的研究，他们把参与者带到一座山的脚下，要求他们对山的陡峭程度进行估计，同时还要估计爬上这座山的难度。结果表明，当有朋友陪伴时，参与者对山的陡峭程度的估计比自己单独一个人估计的时候要小，同时他们还报告，只要想到有朋友的陪伴，他们觉得即使是非常陡峭的山坡，爬起来也不会觉得很困难。

越有意识地去做，越会漏洞百出

进入信息时代，随着信息传播速度越来越快，我们面对的工作越来越繁重，需要应对的环境越来越复杂；加班的时间越来越多，休息的时间越来越少；讲究高效率，一个人承担几个人的工作……在巨大的压力下，我们感到紧张、担忧、焦虑，伴随这些不良情绪而来的是失眠、胃溃疡、高血压、心脏病等疾病。

许多人之所以过度劳碌却达不到应有的办事效率，拼命努力

却总有解决不完的问题，是因为他们企图通过有意识的思考去解决问题。有意识地思考问题，会让人变得过于小心，过度焦虑，对结果过于畏惧，这种状态会让人丧失行动力。试想一下，钢琴家如果有意识地想哪个手指应该放在哪个键上，恐怕他连一首最简单的曲子也弹不了。就好比我们试图把细线穿过针眼的时候，手会莫名其妙地抖动，越是全神贯注，抖得越厉害，越是穿不过去。这种现象在心理学领域称为"目的颤抖"。现代人就是太紧张，太在乎结果了，结果让自己焦躁不安，压力倍增，最终影响做事的效果。

与其绞尽脑汁，思前想后，不如把任务交给"自动成功机制"去办。一旦做出决定就放开所有责任感，松开智力系统，让它自动运行。这样就可以在没有压力的状态下解决问题，完成任务的质量会提高一倍。

很多成功人士的经历告诉我们，创造性的思维不是通过有意识的思考获得，而是自动自发产生的——不知道在哪一刻潜意识中的信息会与外界信息突然接通，引发奇思妙想。约翰·施特劳斯在多瑙河散步的时候，美丽的风景激发了他的灵感，由于没有带纸，他竟然把《蓝色多瑙河》这首著名的曲子写在了衬衫上。当然，灵感也不是凭空产生的，需要对特定问题有浓厚的兴趣，并进行有意识的思考，收集与问题相关的信息，考虑各种可能的方案。此外，还要有解决问题的强烈愿望。

很多作家和发明家都有类似的经历，冥思苦想很长时间得不到满意的结果，当他们把问题放到一边，小睡一会儿，醒来时却得到了答案，或者去散步的时候头脑中灵光乍现。当他们放松的时候，自动成功机制就开始运转了。当思维不受压力影响的时候，最容易产生好的想法。

自动成功机制不是作家和发明家的专利，我们每个人都有同样的成功机制，都可以利用它进行创造性的劳动。

任何技能的学习都有四个步骤：

第一步：无意识条件下不掌握，不知道自己需要掌握哪些内容。

第二步：有意识条件下不掌握，知道自己有很多东西是不懂的。

第三步：有意识条件下掌握，能够掌握一些技巧，但是需要有意识的思考。

第四步：无意识条件下掌握，能够启动自动成功机制自发地完成，不需要依靠有意识的思考。

有些人在社交场合，有意识地说每一句话，做每一个动作。他们总担心自己说错话，做错事，每一个动作都要深思熟虑，每一句话都反复斟酌，这样不但显得做作，而且弄得自己很累。如果停止有意识的思考，不考虑行为的后果，展现真实的自我，才能在社交场合中从容淡定。

在体育比赛中，那些总是担心失败的选手常常发挥失常，因为过度的焦虑使他们无法启动自动成功机制。想赢怕输的心理只会制造障碍，放大压力，无形中增大犯错误的概率，不能发挥出正常的水平。相反，那些轻松上阵、不在乎结果的人往往能够超常发挥。因为他们能够把任务交给自动成功机制。做任何工作都是如此，越有意识地去做，越会漏洞百出；越是放手去做，越能取得好成绩。

根据性格选择职业

有很大一部分人一直都在从事着与自己的性格完全不符的工作，他们中有的人工作勤勤恳恳，兢兢业业，从不懈怠，可依然很平庸，似乎与成功没有缘分。其实，这并不是命运在作怪，关键还是没有读懂自身的性格，或没有按照自己的特点来选择最适合自己做的事情。我们每个人来到世界上，都具备独特的性格特征，顺应自身的性格，就能找到成功之路；逆着自己的性格，势必与成功无缘。

一个人选择什么样的职业，与其性格、气质、能力、兴趣、爱好等有着密切的关系，其中性格显然是首先要考虑的因素之一。每个人的性格都不一样，每种性格都有与其相适应的职业，只有充分发挥自己的天性，才能顺利开启通往成功的大门。

美国心理学家、职业指导专家霍兰德认为性格与职业环境的匹配是形成职业满意度和成就感的基础。他将人的性格分为六种类型，分别是现实型、研究型、艺术型、社会型、企业型、传统型，这六种类型的个性特点和适宜的职业环境都具有明显的差异。

现实型：不善言辞，对社交没有太大兴趣，更重视实际的、物质的利益，喜欢安定的生活，动手能力强，做事手脚灵活，协调性好，希望从事有明确要求、能按一定程序进行操作的工作。适合各类工程技术工作或农业工作，如工程师、技术员、测仪员、描图员、机械操作员、维修安装员、电木矿工、牧民、农民、渔民等。

研究型：有强烈的好奇心，抽象思维能力强，学识渊博，善思考，重分析，行事慎重，善于内省，肯动脑不愿动手，不善于领导他人，乐于从事有观察、有科学分析的创造型活动和需要钻研精神的职业。适合从事的职业主要包括：自然科学和社会科学研究人员，化学、冶金、电子、汽车、飞机等方面的工程师或技术人员，电脑程序员等等。

艺术型：有理想，易冲动，想象力丰富，善于创造，自我表现欲强，具有特殊的艺术才能和个性，喜欢以各种艺术形式来表现自己的个性和才能、实现自身价值，乐于从事自由的、对艺术素质有一定需求的职业。适合从事的职业主要包括音乐、舞蹈、影视等方面的演员、编导，广播电视节目主持人；文学、艺术方面的评论员，编辑、撰稿人员，绘画、书法、摄影家；艺术、珠宝、家居设计师等。

社会型：善于社交与合作，乐于助人，责任感强，喜欢参与解决公共社会问题，渴望发挥自己的社会作用，乐于从事直接为他人服务、为他人谋福利或与他人建立和发展各种关系的职业。适合从事的职业主要包括教师、医护、行政、福利人员；衣食住行服务行业的经理、管理人员和服务人员，等等。

企业型：精力旺盛，充满自信，善于交际，勇于冒险，喜欢支配别人，喜欢发表自己的见解，具有领导才能，对权力、地位、物质财富的欲望较强，乐于从事为直接获得经济效益而活动的职业。适合从事的职业主要包括：职业经理人、企业家、政府官员、公务员、商人，行业部门的领导者或管理者。

传统型：善于自我克制，易顺从，喜欢稳定，有秩序的环境，习惯接受他人的指挥和领导，按计划和程序办事，没有支配欲，工作踏实，遵守纪律，乐于从事按既定要求工作的、比较简单而又比较刻板的工作。适合从事的职业主要包括会计、出纳、统计、录入人员、秘书、文书、人事职员、图书管理员。

使自己更具有创造力

为了对人们的创造力进行测量，心理学家们绞尽脑汁，从而发明了一系列的能够测量人们创造力的方法。比如，给人们一个回形针，要求他们在规定的时间内尽可能多地说出回形针的用途，根据他们提供的答案以及答案的创造性程度来对他们的创造力进行评价。也有一些是通过脑筋急转弯或逆向思维的方式来判断创造力的大小，比如，汤姆和约翰于同年同月同日出生，他们有共同的父亲和母亲，但他们却不是双胞胎。这是怎么回事呢？答案是汤姆和约翰是三胞胎中的两个人。也许听到这样的答案你会觉得可笑，认为这是故意刁难你而出的问题，但是你不得不承认，这种方法的确能在某种程度上反映你的创造力水平。

创造力是一种很重要的心理品质，同时也是能够为解决问题提供新奇想法的心理过程。这一心理过程能够帮助我们打破常规的思维模式，以一种全新的方式进行思考，在促进问题解决的同时，还能为社会创造一定的价值。

美国有一家生产牙膏的公司，产品优良，包装精美，深受广大消费者的喜爱，销售额蒸蒸日上。但是好景不长，没过多久销售额就停滞下来，但每月大体维持在同样的数字。为此，董事便召开经理级以上的高层会议，商讨对策。会议中，大家都一筹莫展，这时有位年轻的经理站了起来，说道："为何不将现在的牙膏开口直径扩大一毫米呢？"这一句话让在场的所有人茅塞顿开，喜出望外。总裁马上下令更换新的包装，试想，每天早晚，消费者用直径扩大了一毫米的牙膏，每天牙膏的消费量会多出多少倍呢？这个决定，使该公司营业额在短时间内增加了32%，扭转了公司的危机。

美国圣迭戈的克特立旅馆是一座重要建筑的诞生地。当时旅馆的管理人员觉得原来的电梯太小，必须扩建。于是，找了很多工程师来一起解决这个问题。他们设计的方案是从地下室到顶楼，一路挖一个大洞，就可以建一个新电梯了。他们的谈论被一个清洁工听到了，清洁工问他们要干什么，于是这些人解释了方案。清洁工听后说："可这样会搞得很脏、很乱呀，而且如果停业的话还会使很多人失去工作。"一个工程师听了清洁工的话，挑衅地问道："你有更好的主意吗？"清洁工想了想说："为什么不在旅馆的外面修电梯呢？"于是，克特立旅馆成了现在已被广为采用的室外电梯的发源地。

可见，哪怕是一点创造力都会产生巨大的作用，那么，怎样才能使得自己更具有创造力呢？在一般人的心目中，只有那些聪明绝顶、智商极高的人才具有创造力，而缺乏创造力的人都是那些智力水平一般的人。然而来自心理学的研究却出乎意料，它表明智力与创造力之间并没有多大的关联。而且从上面的例子中也可以看出，不论是那位年轻的经理还是旅馆的清洁工，他们都不见得有多高的智商，这说明即使你的智商水平一般，即使你不是什么专家，你一样可以有创造力。

每一位杰出的音乐家或艺术家都会告诉你，当他们在进行创作的时候，他们的头脑中没有任何杂念，他们完全沉浸在此刻的创作之中，感受意识的流动。你可以将自己的注意力全部倾注到自己手头所做的事情中去，哪怕你是在洗碗、拖地、整理房间，抑或是欣赏一部电影或和家人聊天，尝试练习把全部意识集中在当前时刻的能力。沉思可以起到很大帮助。

不要将任何你想到的点子拒之门外，不要轻易对它们做出判决。重视每一个从你的大脑里冒出来的想法，哪怕是那些看起来"愚蠢"或"毫无新意"的想法。这个方法能够催生更多有创造

性的想法从你的脑海中浮现出来。

此外，创造力还与人格特征有密切的关系。很多的研究表明，那些拥有较高创造力的人往往具有如下的人格特征：兴趣广泛，语言流畅，具有幽默感，反应敏捷，思辨严密，善于记忆，工作效率高，从众行为少，独立行事，自信心强，喜欢研究抽象问题，生活范围较大，社交能力强，抱负水平高，态度直率、坦白，感情开放，不拘小节，给人以浪漫印象，等等。因此，也可以从培养自己的人格特征的角度进行考虑，来提高我们的创造力。

不要自我设限

跳蚤是自然界名副其实的跳高冠军，一只跳蚤最高可以跳 1.5 米高，是跳蚤身高的 350 倍左右。如果一个身高 1.70 米的人有跳蚤一样的弹跳力，那就意味着他可以跳到 600 米左右，几乎相当于 200 层楼的高度。

可是，就是这位"跳高冠军"却因为自己的内心设限，而失却了"跳高冠军"的风采。

生物学家做过一个实验，他把一只跳蚤放入玻璃杯中，跳蚤很轻易地就跳出来了。之后，生物学家把它再次放入玻璃杯中，然后立刻给玻璃杯盖上盖子，结果跳蚤一次次跳起，一次次撞在顶盖上。后来，这只跳蚤开始耍滑了，它开始根据盖子的高度来调整自己所跳的高度。一周之后生物学家把盖子掀开了，这只跳蚤却再也跳不出来了。

跳蚤为什么跳不出来了？因为它在内心就已经相信杯子的高度是自己无法逾越的。

很多人不敢追求成功，不是缺乏能力和机遇，而是因为他们的心里已经默认了一个"高度"，并时常暗示自己：越过这个高度是不可能的，于是甘愿忍受失败者的生活。由此可见，"心理高度"是很多人无法取得突出成就的重要原因之一。对于每一个人来说，要不要跳？能不能跳过这个高度？我能不能成功？能取得什么样的成功？无须等到最终的结果，只要看看一开始这个人是如何看待这些问题的，就知道答案了。总之，不要自我设限。

20世纪50年代，一个女游泳运动员决心要成为世界上第一个游泳横渡卡塔林纳海峡的女性。为了实现这个梦想，她开始了漫长而又艰苦的训练。终于，激动人心的时刻到来了，她在媒体和所有人的关注中开始了她横渡卡塔林纳海峡的壮举。刚开始时，天气非常好，她离目标也越来越近。然而，当她就要到达目标的时候，大雾开始降临海面。雾越来越浓，她几乎无法看到眼前的任何东西。

她在迷茫中继续游，但已经完全迷失了方向。她不知道距离目标还有多远，而且越来越疲倦，最后她放弃了。当救生艇把她从海里拉上船时，她这才发现，她只要再游100米就可以到达岸边了，为此她悔恨交加，在场的人都为她感到惋惜。接受媒体采访时，她为自己辩解道："如果我知道我离目标那么近，我一定可以到达目标并创下纪录。"

这位女游泳运动员一生中就只有这一次没有坚持到底。两个月之后，她成功地游过了同一个海峡，不但成为第一位游过卡塔林纳海峡的女性，而且比男子的纪录还快了两小时左右。

不要被已形成的思维方式所束缚

大量的经验和事例表明，人对某一问题的重要发现有着很大的偶然性，也就是说一个奇妙的方案是在不经意间突然出现于脑际的，当然，这一般需要此前的艰苦思考做准备。俄国化学家门捷列夫曾花费巨大的精力探究元素的共同性，试图从中找出某种规律，长时间夜以继日地研究，使得他甚至会产生昏眩的感觉.但是工作一直没有取得突破性的进展，直到有一天他准备上火车的时候，头脑中忽然闪现出关于元素周期律的决定性的观念。而与此相似，德国化学家凯库勒竟然是在梦中发现了苯分子的环形结构。

心理学家西尔维拉做过一个实验：有四个小链子，每条链子有三个环，打开一个环要花两分钱，封合一个环要花三分钱，开始时所有的环都是封合的，要求被试者把这 12 个环全部连接成一条大链子，但花费不能超过 15 分钱。其中，被试者分为三组，用于解决这一问题的时间都是半小时，不同的是，第一组的半小时是连续的，而第二组在解决问题的半个小时中间却插入了半小时做其他的事情，第三组则插入的时间为 4 小时。结果是，这三组被试者成功解决问题的人数比例分别为 55％、64％和 85％。这说明，在解决问题的过程中插入了另外的时间会有助于问题的解决，而插入的时间更多些则会令这种效果表现得更为明显。这种效果即心理学中的"酝酿效应"。

酝酿效应给我们的启示是：当自己为某一问题而困惑的时候，不妨暂时撇开它，转移一下注意力，令自己放松放松，然后再重新去面对它，或许问题就会迎刃而解。

酝酿效应的关键是酝酿的过程。人们在离开某一思考过程的时候，思索行为其实并未完全地中止，因为实际上头脑中对这一问题的思考过程仍在延续着，只是这种延续是转移到了潜意识层面，人们并不会直接地感受到，但它确实存在着。正是有了这种潜思考的存在，才令灵感的闪现与梦中的神谕成为现实中的可能。

酝酿效应之所以能收到这样的效果，还在于它能帮助人们打破解决问题不当思路的定式，从而促进了新思路的产生。在上面实验中，当询问被试者解决问题的过程时，发现第二、三组人员回过头来重新面对问题时并不是按照此前的解法去做，而是完全从头做起，这也就是说，时间的间隔很可能会带来解决问题的新思路，因而使得成功的概率更大。

人在解决问题的时候，之所以很长时间里都没有能够找到有效的对策，往往就是因为自己已经被已形成的思维方式所束缚，结果反反复复的思考，都是沿着走不通的旧思路进行，这样即使思考的时间再多，也无助于问题的解决。但是，如果暂时将这一问题放开，将这一思考过程中断，之后再重回到这一问题的时候，却有可能会从新的思路出发，这样也就增加了成功的可能性。

第七章 成功心理：发挥好自己的创造力

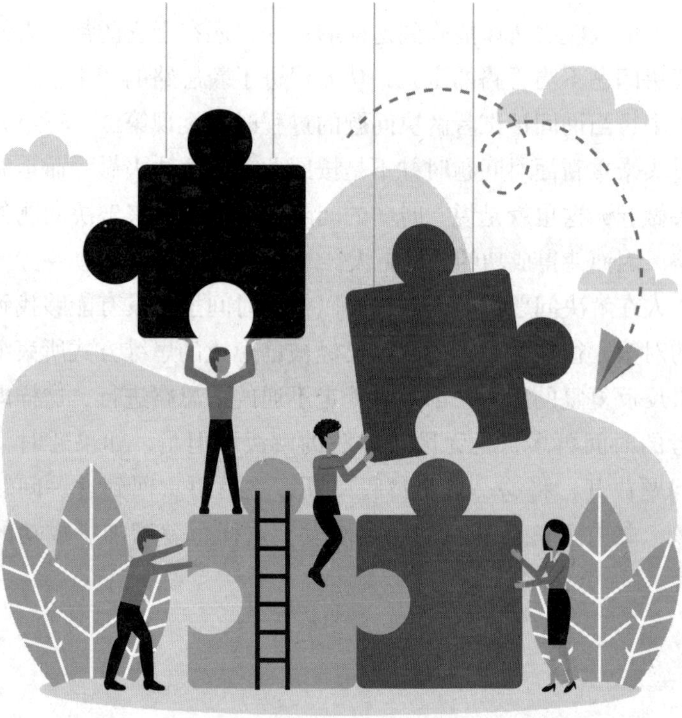

第八章

营销心理，让企业的
产品一销而空

销售蕴藏着很多秘密

去过酒吧的人应该都会发现这样一种奇怪的现象：喝水是要花钱的，但是吃花生却是免费的。你可能对这样的事情并没有在意，但是，仔细想想又会觉得不可思议。

让我们先来看看几种容易接受的情形：酒吧对所有产品都收费。这大概是最符合商家的立场，也是最容易被我们接受的方式吧。如果你是酒吧经营者也许也会为了增加盈利而采用它，因为这样一来，无论进酒吧的人消费了什么东西，都能赚到钱。或者，你会考虑另外一种情形，你觉得免费提供点什么东西能吸引更多的顾客，比如成本低的清水，这样一来，酒吧既不会因为清水的免费提供而亏损太多，又达到了吸引顾客的目的。但是，事实与这些情形完全不同，现在大多数酒吧都是免费提供成本较高的花生，而高价提供成本较低的清水。看上去不可理解吧，但其中却蕴藏着很多秘密。

人们都有一种占便宜的心理，在消费的过程中这种心理体现得更为明显，并常常在不经意间影响着人们的行为。

比如，在上面的例子中，当酒吧有免费提供的花生时，这种贪便宜的心理会让消费者产生一种"不吃白不吃"的念头，而且觉得自己如果不吃就会有损失，所以，除非你本身很不喜欢吃花生，否则都会毫不犹豫地选择它。

即使人们刚进入酒吧，碍于面子不去贪这个便宜，但过不了多久，环视四周，发现很多人都在吃免费花生，也会受到他们的影响，出现从众行为。从众是一种十分常见的心理现象，是指个人受到外界人群行为的影响，而在自己的知觉、判断、认识上表现出符合公众舆论或多数人的行为方式。

受从众心理的影响，当人们看见其他人都在吃免费的花生时，自己也会趋同于大流而选择花生。接着当人们满足了自己贪便宜的心理，吃完花生后，就会感到口渴。这时，人们自然会有买清水或者酒类产品来满足自己解渴的需要。是喝水呢还是喝酒呢？在这两种都能满足需要的产品之间该如何选择？从平时的消费经验中我们可以知道，当只有一件商品时，我们能很快地作出决定，而当有多种商品供我们选择时，往往很难做出决定。

这是因为在购买前我们会在心里对这些商品进行比较，看哪个更划算。对于清水和酒来说，相信大多数人都会觉得高价的酒比高价的水划算。最终，人们就会购买各种各样的酒类产品来解渴。

原来，免费的花生只是酒吧的诱饵啊！不仅如此，在消费的过程中，人们吃的花生越多，越容易感到口渴，对酒类产品的需求就越大。也就是说，越贪便宜，为这份便宜付出的代价就越高。

此外，进入酒吧的人一般都有共同的消费偏好，即使各自的目的不同，有人可能纯粹是为了喝酒，也可能是借酒消愁，或者只是喜欢酒吧的气氛等，但都在一定程度上体现了对酒吧环境和酒类产品的偏好。既然有这种偏好，顾客就更倾向于买酒而不是水了。

从上面的分析中可以看出，酒吧正是利用了人们在消费中存在的占便宜、从众和消费偏好等心理，实现了销售更多酒类产品的目的。

商家瞄准的是你钱包

相信大家都有这样的经历：在进超市买东西前明明制订了一个简单的购物计划，把那些自己需要买的东西都列入了清单，但购完物后却发现自己买了很多不在清单上的东西。而且，即使一再提醒自己下次注意，却依旧抵制不住诱惑。是什么原因让购买欲大增？难道自己真的是购物狂？别惊慌，这只是我们被超市的心理战略所俘虏了。

随着市场的繁荣发展，我们都能明显感受到超市数量和规模的迅猛增加，超市之间的竞争也越来越激烈，为了赢得市场，商家们都使尽浑身解数吸引顾客。这种竞争使我们经常能看到超市的各种优惠活动：打折、降价、抽奖、限购、搭售……而通常我们都抵制不了这些优惠的诱惑，发生购买行为。下面的例子中提到的事情你也许会经常碰到：

两件商品除了在价格标示上不同，其他方面都是一样的。其中一件商品的标语是"本商品现价 50 元，欢迎购买"；另一件的标语是"本商品原价 100 元，现价 50 元，欢迎购买"。这时，你会选择购买哪一件？

超市里常常会有一些限量购买的活动，比如在对鸡蛋促销时会挂出这样的标语"每人限购 10 枚，欲购从速"。这时，你会买几枚？

某些品牌在促销时，会推出"购买该品牌的商品达到多少金额即能免费获赠一份礼品"的酬宾活动。这时，你是会对这些信息置之不理而只购买自己需要的产品，还是会努力使自己的购买达到能拿赠品的金额？

当你面对以上情境时，你会如何选择呢？大家的答案应该会基本一致吧！对于第一个例子，大部分人会毫不犹豫地选择购买既有现价又给出了原价的商品；对于第二个例子，大多数人会买10枚；对于第三个例子，人们则会将所有该品牌的产品看一遍，尽量找出合适的产品直至能够获得赠品。

我们知道每个消费者对产品的需求是不同的，所以在购买活动中会出现差异，但是在上述的例子中会出现趋同的选择正是超市准确把握了消费者"占便宜"的心理，巧妙地运用了销售策略造成的。

有人举过这么一个例子，"便宜"与"占便宜"是不一样的，价值50元的东西，50元买回来，那叫便宜；价值100元的东西，50元买回来，那叫占便宜。而在这里，顾客们的选择就体现了"占便宜"心理。销售策略的使用让消费者觉得买了东西会特别"划算"，而事实上这种"物美价廉"并不是真实存在的，只是人们自己的感觉罢了。例子中努力得到赠品的行为也是占便宜心理的一种体现。

此外，在购买活动中，人们会不自觉地受到外界暗示的影响，比如在第二个例子中，通常情况下，虽然人们实际需要鸡蛋的数量比限定的少，但购买的数量一般就是所限定的数量，这就是超市充分利用了这种限制条件给顾客造成了一种心理暗示："限购的数量就是我需要的数量。"而且，在对数量进行限定后，更能激起人们占便宜的欲望。

人们会认为之所以会有限制，一定是因为这种商品销量非常好，如果不限量就会出现供不应求。或者，商家为了获得最大的利益不愿意卖出去太多。这样一来，消费者就会觉得如果自己不买或者买的数量在限定条件之下，就会不划算，也显得自己太不精明了。

不管是通过价格标示还是限定购买数量，超市都准确地把握

和利用了消费者"占便宜"的心理，从而在不知不觉中影响着消费者的购买行为。

如果你也有"明明不是购物狂，却无法抵制诱惑"的经历，就说明超市成功利用心理因素赢得了这场战争。当然这些例子只是众多销售策略中的很少一部分，只要你是个有心人，一定能在实际购买中发现更多、更精心、更巧妙的策略。

产品外包装设计也是一门学问

如果稍加留意的话，就可以发现市面上几乎所有的可乐包装，无论是塑料瓶还是易拉罐，都是圆柱形的。而牛奶包装都是袋装或方形纸盒。为什么可乐生产商和牛奶生产商会选择不同的产品包装形式呢？原因有以下几个方面。其一，是因为可乐大多是直接就着瓶子喝的，瓶子设计成圆柱形，比方形更称手。而牛奶却不是这样，人们大多不会直接就着盒子喝牛奶。其二，方形容器比圆柱形容器能节约存储空间和存储成本。如果牛奶容器是圆柱形，我们就需要更大的冰箱来存储。超市里大多数可乐都是放在开放式货架上的，这种架子便宜，平时也不存在运营成本。但牛奶却需要专门装在冰柜里，冰柜很贵，运营成本也高。所以，选择用方形容器装牛奶。其三，圆形的瓶子比较耐压。可乐中有大量二氧化碳气体。放入圆形瓶中能使瓶子均匀受力，不致过于变形。如果放入方瓶子里，就会严重变形。从这方面来看，牛奶放在什么形状的瓶子或盒子中都无所谓。

即使是圆形的铝制易拉罐，其生产成本本来可以更低，可为什么人们不那么做？这里涉及视错觉的问题。在全世界的大部分地区，可乐都是用铝制易拉罐装的，这种易拉罐的容积大约为12

盎司，都是圆柱形的，高度（12厘米）约等于宽度（直径6.5厘米）的两倍。在容积不变的情况下，如果把这种易拉罐造得矮一点，直径宽一点，能少用许多铝材。比如说，高改为7.8厘米、直径改为7.6厘米时，容积不变，却能少用近30%的铝材。可乐商家不可能不知道这个节省的方法，为什么还一直沿用标准的易拉罐规格呢？可能的解释之一是受心理学上的横竖错觉误导，消费者会认为可乐的容量变小了。所谓横竖错觉，指的是两条垂直的、同样长的线段，人们会倾向于认为横线比竖线短。由于存在这种错觉，消费者认为矮胖易拉罐装的可乐变少了，可能就不愿意购买。

还有一种解释是，购买可乐的顾客更喜欢制造成细长形状的易拉罐，或者是已经习惯了可乐罐子长成那样。即便他们知道矮胖易拉罐的容量与细长易拉罐的相同，还是宁愿多出点钱买细长的、已经习惯其包装的可乐，道理跟他们愿意多出钱住景色好点的或者已经习惯的酒店房间一样。

看来，产品的外包装设计也是一门学问。商家需要深思熟虑，考虑不同的设计会对用户行为有着什么样的影响以及对自己成本的控制有怎样的影响。

价格越贵越好卖

一瓶矿泉水卖几十块钱，一盒香烟卖几百块钱，一件衣服卖几千块钱，一部手机卖几万块钱，一部车卖几百万甚至几千万元……看似价格高得离谱的商品却有着很大的销售市场，"价格越贵越好卖"已经成为很多产品销售时的一个不争事实。

不知从何时起人们开始认为产品的价格越高品质越好，而且

这个观点渐渐成为一种思维定式。所以，越来越多的销售者在推销时会用"一分钱一分货"来打动顾客买高价的东西，而顾客自己在做出选择时同样会考虑这一点。由于人们在购买时无法详尽地了解产品的信息，就会在无形中依靠价格来判断产品的质量、品质等，认为那些价格高的产品一定是有档次的，质量好的。目前大多数的高价产品都是有一定知名度的品牌产品，人们在购买时会觉得既然是大品牌，肯定在同行业中做得比较好，所以即使价格高也是合情合理、物有所值的。如果我们以这种心理来看待"高价易卖"，那么此时的价格就相当于是产品的质量了。

从那些高价产品的宣传中可以发现，越是贵的东西其代言人的知名度越高，人们在购物时就免不了会受"名人效应"的影响。生活中这种现象十分常见，我们从媒体中经常能看见、听到有关娱乐界明星穿着的八卦新闻，总是对他们穿着什么牌子的衣服、提着多少钱的包包、开着什么品牌的豪车等津津乐道。对于这些明星来说，他们集万宠于一身，有着众多的追随者。虽然对名人的崇拜是一种正常的现象，但越来越多的人将这种崇拜泛化到生活的方方面面，其中就包括用名人所用的东西。所以，只要是自己喜欢的明星所用的东西，再贵也要去买。那些知名度高的明星拥有的粉丝也相对较多，自然就出现价格越贵越好卖的情况了。

近年来，随着市场的开放，很多人抓住了自主创业的机会，走上了发家致富的道路。其中一些人在几十年前还是一贫如洗，连基本的温饱问题都难以解决，现在却成了百万、千万甚至亿万富翁。这时，人们就会有一种"补偿心理"，认为过去自己因为贫穷受了很多的苦，现在总算生活条件好了，有能力了，自然就要好好地对待自己，所以在购物时会选择价格更贵的东西。这种趋势在对待自己下一代时更加明显，他们总是觉得自己曾经所受的苦绝不能让孩子再接着受，于是在为孩子买东西时毫不手软。而且，即使自身的条件并不是特别好，很多家长也会为孩子选择更贵的东西，生怕自己的孩子与别人的相比会有差距，"宁愿自己受苦，也不能让孩子受苦"。

价格其实就是贴在产品上的一个数字罢了，却由于受到种种因素的影响变身成一种品质或身份的象征。正是由于人们赋予价格这样的意义和象征，才出现了越是高价的产品越好卖的现象。

价格尾数的促销优势

刘女士与好友逛街时，看到自己喜欢的专柜在举办促销活动，满500元送100元，于是便决定与好友一起凑数买衣服。两人各自挑了自己喜欢的衣服，由于该专柜的服装价格尾数都是9或8，最后加起来算了一下还差32元钱。而该专柜里的物品最便宜的也是30元以上的，刘女士只好狠狠心买了一双38元的袜子。"虽然我们俩都买到了自己喜欢的衣服，算起来比正价购买要便宜。但平时如果看到一双袜子卖20元我都觉得贵，如果不是为了凑数，我是不会买那么贵的袜子的。"虽然买到了自己喜欢的衣服，但刘小姐还是觉得有点心疼。

心理学家的研究表明，价格尾数的微小差别，能够明显影响消费者的购买行为。一般认为，5元以下的商品，末位数为9最受欢迎；百元以上的商品，末位数98、99最畅销。这就是尾数定价法的运用。在确定商品的零售价格时，以零头数结尾，会给消费者一种经过精确计算、价格便宜的心理感觉。同时，顾客在等候找零期间，也可能会发现或选购其他商品。尾数定价法属于一种心理定价策略，目前这种定价策略已被商家广泛应用。那

么，尾数定价法相比其他定价法有什么优势呢？

首先是便宜。标价98元的商品和100元的商品，虽然仅差两元，但人们会习惯地认为前者是几十元钱的开支，比较便宜，使人更易于接受。而后者是上百元的开支，贵了很多。其次是精确。带有尾数的价格会使消费者认为商家定价是非常认真、精确的，连零头都算得清清楚楚，进而会对商家或企业的产品产生一种信任感。再有就是中意。在不同的国家、地区或不同的消费群体中，由于社会风俗、文化传统、民族习惯和价值观念的影响，某些数字常常会被赋予一些独特的含义，企业在定价时如果能加以巧用，其产品就有可能因此而得到消费者的偏爱。例如中国人一般喜欢6和8，认为6代表六六大顺，吉祥如意，8代表发财，讨厌4，因为4与"死"谐音；美国人则讨厌5和13，认为这些数字不吉利。因此企业在定价时应有意识地避开，以免引起消费者对企业产品的反感。

尾数定价法虽然有一定的优势，但并不是所有场合都适用。超市、便利商店的市场定位决定其适用尾数定价法。超市的目标顾客多为工薪阶层，其经营的商品以日用品为主。目标定位是低档和便宜。人们进超市买东西图的也是价格的低廉和品种的齐全，而且人们多数是周末去一次把一周所需的日用品购置齐全，这样就给商家在定价方面一定的灵活性，其中尾数定价法是应用较广泛而且效果比较好的一种定价法。尾数定价意味着给消费者更多的优惠，在心理上满足了顾客的需要。而超市中的商品价格都不高，基本都是千元以下，以几十元的价位居多，因此顾客很容易产生冲动性购买，这样就可以扩大销售额。大型百货商场则不适合尾数定价法。大型百货商场走的是高端路线，与超市、便利店相比，大型百货商场高投入、高成本的特点决定了其不具有任何价格优势。

因此，大型百货商场走廉价路线是没有出路的，它应该以城市中的中产阶级为目标人群，力争在经营范围、购物环境和特色服务等方面展现自己的个性，以此来巩固自己的市场位置。据相关资料介绍，目前我国消费者中，有较强经济实力的占16%左右，而且这个比例有扩大的趋势。这些消费者虽然相对比例不大，但其所拥有的财富比例却占了绝大多数。这部分人群消费追求品位，不在乎价格，倘若买5000元的西装他们会很有成就感，如果商场偏要采用尾数定价策略，找给他们几枚硬币，这几个零钱他们没地方放，也用不着。加之这些人时间宝贵，业务忙，找零钱浪费他们的时间（当然排除直接刷卡的付款方式），让顾客会有不耐烦的感觉。

成为顶尖销售员的智慧

一直以来，销售被人们认为是二流的职业，销售人员自己都觉得在向别人介绍时难以启齿，不过，随着销售在现代生活中的地位越来越重要，渠道越来越多，人们对他们的关注程度与日俱增，他们取得的成绩也让人刮目相看，并且社会对他们的偏见也正在随之减少。我们不得不承认，如果没有了销售活动，整个社会甚至将无法正常运转。销售人员的增多也加剧了内部的竞争力，出现了"最顶尖的20%挣走了80%的钱，剩下的80%只挣到了20%的钱"这种现象。在销售人员的内在博弈中，要想立于不败之地，成为那20%中的一员不仅需要技巧，也需要智慧。

销售不是依靠艰苦的努力就能取得成就的，它是一门艺术，需要用心去经营。在销售过程中的自我意识、心理状态等不仅会直接影响销售者自身，还能间接影响到消费者的购买。

"我很棒"积极的心理暗示能带来不可小视的效果。自我意识影响着人们的自尊、自信水平，影响着人们的自我认识、自我调节和自我控制。积极的心理暗示对形成良好的自我意识有重要作用。德国和美国科学家联合进行的一项研究证明，护身符确实能给人带来好运。原因当然并非护身符本身会释放出魔力，而是护身符能给人一种积极的心理暗示，让人们在做事时能够取得更好的效果。在另外一个类似的实验中，数十人被叫来进行一场高尔夫比赛，其中一半人被告知使用的是在多场比赛中给选手带来好运的幸运球，而另一半人则被告知使用的只是普通球。比赛结束后，科学家发现使用"幸运球"的选手的击球入洞率要比使用普通球的选手高出近40%，可见积极的心理暗示对任务的完成有重要作用。销售中也是如此，如果在销售的过程中销售人员能一直坚信自己是很棒的，在与顾客交流中就能表现得更加自如和自信，获得顾客的认可。一个不认可自己的人就会像自己所想的那样表现得比较差劲，自然也就得不到别人的认可了。人们在买东西时总是会倾向于相信那些表现得落落大方、说话井井有条的销售者，而只有销售者表现得自信大方，才能赢得顾客的信赖。

"试得越多，越接近成功"，销售的过程就是沟通和碰壁的过程。虽然越来越多的人有感性消费的倾向，对产品常常会"一见钟情"，在购买时也不会考虑太多的细节，但毕竟这样的情况是少数的。既然人们在一次接触产品后无法决定是否购买，对于销售者来说就会出现失败和被拒绝。由于多方面的原因，绝大部分的销售、拜访会以被拒绝告终。但其实人们并不是没有购买的意向，只是决心不够，所以那些在遭拒绝后能一如既往地对自己和产品充满信心的销售者往往能得到人们的光顾，可能十次接触才会促成顾客的购买，但没有前面九次也就不会有最后成功的那一次。

销售人员之间的博弈有技巧上的比拼，但重在心理，那些心理素质好、不畏拒绝、对自己永远充满信心的销售者能让人们感受到他的热情与执着，从而形成对产品的偏好，最终在与销售者的多次接触后完成购买。

奥里森·斯威特·马登说过："只有我们面向自己的目标时，只有我们满怀信心地认为自己可以胜出时，我们才能在自己的征程上取得进步。"

广告宣传考虑消费者的心理

如果你仔细翻阅过前面的内容，对那些五花八门的销售策略有了解，就不难发现对于商家来说，东西卖得好不好不再是由产品本身单独决定的了。过去那种"酒香不怕巷子深"的观念已经受到了挑战，即使酒很香，若没有好的宣传也很难有好的销路。所以，越来越多的商家开始重视广告宣传的作用。为了取得好的效果，他们不惜花重金请专业的广告公司来宣传。虽然有很多商家的确利用广告宣传达到了促进销售的目的，但并不是所有的广告都是提高销售业绩的灵丹妙药，有的还起到了相反的作用。

相信很多人都对几年前肯德基具有争议性的一则广告记忆犹新，这个广告的本意是突出肯德基鼓励年轻人以积极的态度面对生活、无论是遇到多大的失败都不气馁的主题。并且在广告中还突出了肯德基在维系三个年轻人友谊上的积极作用。但由于运用了"意外结局"的手法，出现了"认真备考但没有吃肯德基的学生落榜了，而复习不那么认真但吃着肯德基的学生却考上了"的结局。这种广告宣传让很多人产生了"认真学习还不如吃肯德基有用"的感觉，不仅没有起到预期的效果，反而引起了一部分人

的抵制。广告的结局与人们观念中"认真的学生会取得好的成绩，而不认真的学生则不会取得好成绩"的看法相悖，自然会受到人们的抵制。

广告宣传的效果与人们对所传达信息的理解有重要的关系。当信息对人们有误导或出现了歧义时，宣传的效果就很难体现出来了。

好的广告宣传不仅要求传达的信息与人们的观念一致，而且这些信息的真实性也是值得关注的。不可否认，人们在购物时会不可避免地受到广告宣传的影响。如果产品广告制作得特别唯美、舒服，让人看上一眼就能产生好感，当在多种产品之间进行选择时当然就倾向于选择这些产品了。但人们关注的并不仅仅是广告的外观，在人们被外观吸引后会继续看广告中产品的具体信息。如果这些信息十分空洞或枯燥，就会与华美的外表形成鲜明的对比，不仅不能继续维持外观在人们心目中的美好地位，反而会给人们带来一种华而不实、喧宾夺主的感觉，接着人们就可能对产品产生怀疑了，由此可想而知，如果人们在看到广告后都是这种感觉，那么广告宣传的效果就一定不会理想。

所以，为了取得好的宣传效果，商家在制作广告时要充分考虑到消费者的心理，既要让他们感觉到和自己的观念一致，也要努力获得他们的信任。好的广告一定是那些既有精美的广告设计、图文制作、材料印刷等方面的专业优势，又与产品本身的特性紧密联系的作品。

第九章

职场心理，激发员工
的热情

赏识是管理的一种情感需要

1968 年，有两位美国心理学家进行过一次期望效应的测验。他们来到一所小学，从每个年级各挑选了三个班，对所有学生进行了一次发展测验，然后将测试的结果交给各班老师。其中，有一些学生被认为是非常具有发展潜力的。几个月后，他们又来到这所学校对学生进行复试。结果，那些被认为具有发展潜力的学生学习成绩都有了显著进步，而且求知欲强，乐于帮助他人，师生关系融洽，性格也更为开朗。实际上，这部分所谓的具有发展潜力的学生是他们随机抽取的。老师们对这批学生却会不知不觉地给予更多关注和期待。虽然这部分学生的名单并没有公开，但老师们掩饰不住的期望仍然会通过眼神、音调、下意识的行为等传递给学生。自然地，学生受到这些潜移默化的影响，会变得更加自信，于是他们在行动上就不自觉地更加努力，取得飞速进步。

这个实验说明心理期待也有强大的力量，即"皮革马利翁效应"。远古时代，有一个叫皮革马利翁的王子，他非常喜欢一个美女的雕塑，每天都期待美女能变成活生生的人来到他面前。结果有一天，雕塑美女竟然真的活了。实验中的老师们扮演的就是皮革马利翁的期待角色。这其实是一种暗示的力量。在学校里，那些老师喜爱的学生，会受到更多关注，他们的学习成绩或其他方面会有明显的进步，而那些被老师忽视的学生，则有可能一直默默无闻下去。所以，优秀的教师善于利用期望效应来鼓励后进生，给予他们更多的关注。运用到企业管理方面，期望效应是领导激励下属斗志的重要手段。

人为什么会受暗示呢？我们都知道，弗洛伊德将人格分为

"本我""自我"和"超我"三部分。这其中，"自我"的职责是做判断和决策，判断和决策的精准性反映了个体的"自我"是否健康。但是，没有人的"自我"是完美的，没有人敢保证自己的判断和决策都是对的。"自我"的不完美就给来自外界的暗示提供了机会，尤其是来自自己喜欢、信任和崇拜的人的影响和暗示。这些暗示可以作为对"自我"的缺陷部分的补充，起到激励的作用。皮革马利翁效应就是一种心理暗示。向一个人表达对其积极的期望，即使这种期望并不明显，也会使他进步。反之，消极的期望会使其自暴自弃，甚至放弃努力。一个好的领导，必定善于通过各种方式向部下传达对他的信任和期望，譬如，在交代下属办某件事时，不妨对他说"我相信你一定能行的""你有这个能力做好"……这样，下属会觉得不能辜负你的期望，必定要加倍努力。一个人即使本身能力并不强，但是经过激励后，也可能会由不行变成行。

松下集团的掌门人松下幸之助就是一个善用期望效应激励员工的高手。他经常给员工打电话，询问他们的近况如何，即使是新人也不例外。每次通话快结束的时候，他还不忘说一句："做得好，希望你好好加油。"以此勉励下属。这样，接到电话的下属都能感到总裁对自己的信任和重视，工作起来也更加卖力。

马斯洛的需要层次理论认为，自我实现的需要是人类最高层次的需要。每个人在内心深处都渴望得到他人的肯定和赞美。如果能得到认同，就能朝着期望的方向前进。作为一个管理者，要知道赞美你的下属，能让他们心情更加愉快，工作更加积极。你小小的赞美，将得到他们良好的工作成果作为回报，这绝对是一项超值的收益。此外，作为管理者，还应该意识到：赏识，也是下属的一种情感需要，它和其他有形的物质回报同样重要。

过度的工作压力会使效率下降

　　1980 年，心理学家叶克斯和道森通过一个实验发现，随着课题难度的增加，动物参与的动机水平有逐渐下降的趋势。后来，又有研究表明，人类也存在相似的现象——事情难度与行为效率之间并非是单一趋向的关系，而是呈现一种倒 U 形曲线的关系，也就是说，从低难度开始，随着难度系数的逐渐上升，行为效率也会随之提高，可是当这种趋势达到某一临界点之后却会出现相反的情形，即难度越大，效率则越低。

　　具体说就是，当人们从事低难度活动的时候，心中持有的是一种轻而易举的态度，因而非常放松，很有些心不在焉，这就导致做事的效率处于一种较低的水平；而当事情难度较高的时候，人们会对其变得重视起来，从而给予了更多的主观投入，更大地调动起潜在的能力，更好地发挥出主体的积极性，所以在这种情况下做事的效率处于一种较高的水平；可是，当难度达到相当的程度之时，人们做起事来就会感到力不从心，对成功变得没有把握，这样，既在客观能力上有所不及，又在主观动机上有所懈怠，因此行动起来就显得慌乱，效率当然也就会下降了。

　　叶克斯·道森定律表明，一定的紧张情绪会令人们在学习和工作中取得更好的成绩，可是切记要掌握一个度，否则，如果紧张情绪过于严重，形成焦虑，反而会损害到本来有可能取得的成功。

　　认识到这一点，做事的时候就应当注意，既不要完全地放松，全不当一回事，也不必将成败看得过重，以免因为患得患失乱了手脚。面对成败得失，不可视之如儿戏，也不必将其视为无比重要甚至可以决定一切的关键，只有这样，才可以发挥出自己的最佳水平，从而取得最好的结果。

对于管理者来说，把握这一规律对提高工作效率有很大的帮助。自20世纪50年代以来，工作压力与工作效率二者之间的关系一直是有关学者研究和探讨的热点问题。实验证明，刺激力与业绩之间存在关系。过大或过小的刺激力都会损害业绩，只有刺激力比较适度时，业绩才会达到巅峰状态。也就是说，当压力很小时，工作缺乏挑战性，人处于松懈状态中，工作效率自然不高；当压力逐渐增大时，压力变成动力，激励人们努力工作，工作效率逐步提高；当压力达到人的最大承受能力时，工作效率达到最大值；当压力超过人的最大承受能力之后，压力就会变成阻力，工作效率也会开始下滑。

过度的工作压力会造成员工高血压、心悸、烦躁、忧虑、抑郁、工作满意度下降、工作效率下降、协作性差、缺勤、频繁跳槽等不良反应，所以，从管理角度上看，要想提高员工的工作效率，并尽量降低人员流动与缺勤带来的损失，必须改变那种"压力越大，效率越高"的错误观念。

每个人都希望成为受欢迎的人

引起他人注意，吸引他人，这是第一步。每个人都有一种强烈的归属需要，希望能与他人建立持续而亲密的关系。而人与人之间的关系却很复杂。你可能很能干，也很可爱，却没法得到每个人的喜欢。心理学家的研究也发现，在现代社会中，人们会用排斥来调节社会行为。想想在学校、公司或其他地方，你被别人故意避开、转移视线、甚至漠然以对，那种滋味一定不好受。但是，我们却会被那些可接近、有共性或互补的人所吸引，并折服

于他们的某些魅力。反过来也一样，如果你能够让他人觉得你是可接近的、与他们有共性或互补的人，或者具有独特的人格魅力，你也会成为受欢迎的人。接近你想亲近的那个人，展现你们之间的共同点或能互补的方面，是成功的第一步。

在有了初步的信任之后，要缩短你们之间的距离就变得容易得多。

巧妙地影响他人：要促使他人按照你的意愿行事，就要找出促使他们这样做的原因。在他人行为的背后，找出其最本质的需要。有些人喜欢听赞美的词，有些人喜欢物质的奖励，总而言之，只要向他人说明，行为是有积极后果的。如果他做了你要求做的事情，就能获得想到的东西。经过这样的强化，就能不知不觉影响他人的行为。假设你是一个老板，正想招聘一个优秀的员工。而你也知道，已经有几家公司想聘请他了。如何能影响他，让他选择你的公司呢？首先，你应该判断这位员工所渴望的是高薪酬，还是广阔的职位发展空间，并竭力摆出你的条件来吸引他。如果你发现他比较重视薪酬，就应向他表示你能提供的优厚待遇；如果他更看重发展前景，不妨为他仔细描述他的职业蓝图。归根结底，要影响他人，就不能忽视他人的需要。当然，在第一步建立起来的亲密关系，也可能成为影响他人的能量。

巧妙地说服他人：说服他人的技巧是，通过第三者的嘴说话。我们都有这样的经历，当你在向他人说一件有利于自己的事情时，他人通常会怀疑你以及你说的话。这是人的一种本能表现。可能是由于你的利益会引起他们的不平衡心理。所以，这样的时候不妨换一种方式。不要由你本人直接阐述，引用第三者的话，即使这个第三者并不在现场。如果你是一个推销员，有人问你你推销的产品是否耐用，你可以这样回答他："我邻居的已经用了四年了，仍然好好的。"

巧妙地使他人做决定：首先要将他人的利益放在首位。告诉他，这样做决定，他能从中获得什么，而你并不会受益。其次，问只能用"对"来回答的问题。要让他人对自己的决定充满信心，就不能让其在脑中产生否定的想法。用"对"来回答的问题，更能坚定其行动的信心。同样，即使是选择式的提问，也让他在两个"好"中选择其一。当然，根据皮革马利翁效应，也要适当展现你的期待，给他人更多的鼓励和支持。

　　巧妙地调动他人的情绪：第一印象的效应往往使任何一个最初交往的一瞬间决定了整个交往过程的基调。因此，在最开始，你与他人双眼接触的瞬间，开口说话打破沉默之前，请露出你亲切的笑容。情绪具有传染性，调动他人的情绪之前，不妨对自己说——笑一下。

　　人与人之间的交往是个互动的过程，只要能掌握一定的方法，就能占有主动性。

选拔人才应从心理学和情感角度考虑

　　企业招聘不但要考察一个人的工作能力，还应该考察一个人的情感智商。不管一个人的工作能力多强，如果情感智商很低，那他就不是最好的候选人。因此在选拔人才的时候不能把注意力完全集中在应聘者的业务能力上，还应从心理学和情感两个角度来选拔人才。

确定招聘标准

　　你期望招聘到什么样的员工呢？你应该在心中先有一个设

想，才能招聘到满足你需要的员工。为此，你要考察一下已经为你工作的人员，哪些员工让你感到满意。找到表现最好的员工，然后通过提问以及优秀员工的回答来确定你的招聘标准。

你可以挑选两个表现较好的员工，再挑选两个表现较差的员工，通过提问分析他们的处事程序。对他们的处事程序进行比较，你会发现有很大不同。处事程序的好与坏是相对企业来说的，你要保证自己站在企业的角度思考。当你问他们问题的时候，你需要确信你问的问题具有专业性，因为如果你谈论的话题（个人的、业余的、专业的）不同，对方的处事程序也会有所差异。

现以招聘广告平面设计人员为例作具体说明：

广告平面设计就是为产品设计宣传册、平面广告或包装。设计人员需要根据产品特点和广告策划意图以及客户的需要设计出作品，达到推广宣传产品的效果。

我们询问优秀的设计人员，得出了一个结论，那就是下面所述的处事程序非常之重要：

审美：平面设计人员要有一定的美术功底，要有优秀的审美能力，保证设计的作品美观、大方。

创意：创意是设计的灵魂，设计人员要有开阔的发散性思维和优秀的创意。

沟通：平面设计的工作是通过图画传达信息，设计人员要与广告策划人员沟通，充分理解广告要传达的信息。此外还要与客户沟通，尽量满足客户的需要。

承受压力：优秀的设计人员要能够承受工作压力，可能会加班加点。

那些表现比较差的设计人员在这几个方面都有或多或少的欠缺。因此，在招聘广告设计人员的时候要注意这些处事程序。

管理你的新员工

按照优秀员工的标准招聘到能够满足企业需要的员工之后，你需要对新员工进行管理，以使他们走上最优秀的工作轨道。管理新员工的第一步要让他们对企业和自己的工作有一个整体的了解，然后要让新员工了解如何进行业绩评估以及公司有哪些奖惩制度。管理者需要了解并尽量适应新员工的语言模型，这样才能增强自己的亲和力，从而更有效地激励新员工。

企业文化不同，所使用的语言就不同。语言是一个群体吸纳或排斥外来成员的最有效的工具之一。新员工不了解企业文化和团队的术语，管理者要帮助新员工尽快熟悉团队术语，使他们尽快融入团队中。

要让老员工主动为新人提供翻译帮助。首先要确定那些新员工难以理解的术语以及这些词汇可能引起的迷惑，然后主动为新人解释那些他们不懂的语言。比如：小李，你好像不明白张经理说的"黑色计划"，我来给你说明一下……如果你的企业为新员工发放公司简介或工作手册之类的指导资料的话，还可以考虑在里面增加内部术语词汇表的内容。

与新员工交流时要注意变化表达方式，不要固守传统的内部表达方式，应当考虑新员工的接受能力，措辞上尽量做到通俗易懂。比如，老员工可能习惯用足球术语来分派任务，但是对于不熟悉足球比赛的人来说就很难理解。这时就要改变表达方式，用通俗的语言让新员工尽快理解自己的职责和任务。

给对方留下印象有方法

李某刚毕业就进了一家著名外企工作，专业对口，收入也不错。踌躇满志的他很想干出一番事业来。他不仅积极主动完成上司布置的任务，还经常加班加点地工作，甚至全权负责打扫卫生、整理报纸、打水这些小事。然而，同事们并不理解他的做法，在私下里对他冷嘲热讽，认为他太高调，爱出风头，甚至连领导有时也认为他没有团队合作精神，搞个人英雄主义。不仅如此，李某对客户也是过分热情，他主动要求帮客户做一些他分外的事情，而这种主动却使客户感到难堪。有一次，他主动要求帮客户做一些售后服务的工作，但后来由于自己工作繁忙，在规定时间内无法完成任务，售后服务做得不到位，惹得客户很不高兴。因为得罪了客户，还被老板狠狠骂了一顿。

在这个案例中，李某处处表现自己，却惹来同事、领导和客户的不满。有意识地、主动地表现自己，让领导和同事看到你的才能，这是非常有必要的。然而，自我表现也是有技巧的。自我表现可以分为"战术性自我表现"和"战略性自我表现"。前者的目的是在短时间内给对方留下好的印象，主要包括自我宣传等。而后者是为了在较长时间内给对方留下印象。比如逐渐建立威信、赢得他人信任、获得他人尊重等。在公司里，要想让领导和同事觉得你看起来很有才能、值得信任，最好是通过"战略性自我表现"来展现自己的实力。

具体来说，首先要摆正心态，从小事做起。如果你是一个新人，领导往往并不了解你的才能，不会对你委以重任。所以，你需要摆正心态，不要觉得是大材小用，从比较琐碎的杂事、小事做起，力争在最短的时间内尽善尽美地完成它们，才是取得上司信任的最有效的途径。抓住机会，自然地在领导面前表现自己。如果领导在场时，你缩头缩脑，退到别人的后面，说起话来声音比蚊子嗡嗡声还小，就不用期待领导会注意到你。自信一点，勇敢地把自己的合理想法清晰地表达出来。开会时，也不妨坐到领导比较容易看得到你的地方。

值得注意的是，毫无疑问，所有人都喜欢听赞扬的话，领导也不例外。但不要认为领导听不出假话与真心赞赏的区别。赞美别人也需要智慧。其实，你根本不需要用令人肉麻、空洞的话语来表示你对领导的欣赏。在领导发言的时候，只需微微点头，有意无意地露出佩服的样子，领导自然会感受到你的诚意。一般来说，赞赏的眼神比赞赏的语言更有价值。让领导看到你的特别之处，这还远远不够。你的个性与才能才是你的与众不同之处，才是让领导对你刮目相看的重点。所以，还是脚踏实地、埋头苦干，在关键时刻表现出你冷静、反应灵敏、活泼幽默的方面，那时领导一定会对你另眼相看。

此外，还须注意各个方面的细节。心理学上的光环效应说的就是由一些小好感泛化到对整个人的好感。刚进公司的新人，都希望给同事和领导留下好的第一印象。如果给人的第一印象不好，将会影响到他人以后对自己的评价。

社交技能可以帮助人很快适应工作

一个人在接受他未来老板的面试。老板问他："我们这份工作需要一个很负责的人，你能做到吗？"这个人想了想，说："没问题，我刚好就是一个很负责的人。"于是，老板又问道："为什么这样说呢？"他回答道："上一份工作时，我把很多事情弄

得一团糟，领导说要让我负责。"这只是一个笑话。应聘者和老板对"负责"的理解南辕北辙。但是，毫无疑问，这么糟糕的回答会让他失去这份工作，甚至成为笑谈。

那么，怎样才能让雇主给你一份工作呢？在过去的几十年里，心理学家们一直在从各个方面来调查能打动雇主、面试成功的因素。这些研究成果能显著提高人们获得理想工作的概率。

两个一起去应聘的人，为什么雇主会选择其中一个人而淘汰另一个人？如果去问他们原因，他们通常会给出这样的答案：这个人的个人素质和专业技能都高于另一个人，我们当然招他。在招聘单位给出的招聘信息中，也会列出应聘者所需要的资历和技能等限制，这是为了把不符合条件的人排除在面试之外，面试时能从入围的人选中选出更出色的。然而，华盛顿大学的希金斯却认为，面试官一般也不知道自己是如何做出决定的。让面试成功的是另一个神秘因素。

大学生们是如何找到第一份工作的？希金斯等人对多名大学毕业生进行了追踪调查。通常，雇主们都会宣称，他们衡量员工的标准是专业水平和工作经验。那么，事实是这样的吗？在研究的初期阶段，希金斯等人按照雇主给出的录用条件：专业水平和工作经验仔细研究了每位毕业生的简历。并在他们每完成一次面试之后，请他们填写一份标准的问卷调查，调查的内容主要针对他们面试中的一些细节，包括：是否表现出了对这个公司的兴趣，对每个问题是否做了积极的回答，是否全程面带微笑等。此外，希金斯的研究团队还通过与招聘的公司联系，取得了每位应聘者的反馈信息，包括雇主看重的应聘者的专业水平如何，对应聘者的面试表现是否满意以及应聘者是否有可能得到这份工作等。是否打算录用，是他们研究的重点。通过将诸位毕业生的简历、问卷调查以及招聘单位的反馈信息相比较，经过大量的数据分析，研究者发现了一个令人惊讶的结果：决定雇主录用的关键因素既不是应聘者的专业条件，也不是他们的工作经验。在面试背后起推动作用的神秘因素是——应聘者看起来是否是一个令人愉悦的人。什么样的人最容易得到工作呢？那些在面试时让面试官感到愉快的人。

很少有应聘者会注意到这一点。他们会注意努力保持微笑，努力与面试官保持眼神交流。有的应聘者可能做得更好一点，他们会用寥寥数语来夸赞公司，却很少有人愿意多花些时间来讨论与面试无关，但面试官却很感兴趣的话题。一个愿意主动让别人自在、主动社交的人，在面试官看来是令人愉悦的。毫无疑问，天生的社交技能可以帮助他们很快适应工作。因此，也比别人更容易获得工作。

兴趣可以持久地保持员工的热情

只有从人的行为的本质中激发出动力，才能提高效率。

这是美国行为科学家 D.A. 梅奥依据人的行为总结出的一条心理学规律。这条规律后来被人们称作"梅约定律"。

梅约定律所讲的其实属于行为动机学的范畴。根据行为动机学，人们无论做任何事情，总是有一定的动机，或者是为了应付工作，或者是追求自我的价值，或者出于兴趣，或者是为了金钱，乃至仅仅是为了打发时间，等等。不同的动机所激发出来的热情是不同的，那些从行为本质中激发出来的动力，会带给我们更多的激情与创造性，从而将事情做得更好。所谓行为的本质，一般认为主要包括成就感、兴趣爱好，有时也包括责任感等较为直接的动机，而其他出于应付工作、打发时间，乃至获得报酬等

间接动机，则往往不能让人产生激情。

有个心理学家曾做过一个实验，以证明人们对于成就感的重视程度。他雇了一个伐木工人，要他用斧头的背来砍一根木头。心理学家告诉工人说，干活的时间和他正常上班时一样，而付给他双倍的报酬，他需要做的便是用斧头的背面"砍"那木头，伐木工人很高兴地接受了这样的"好事"。但仅仅半天之后，伐木工人便丢下斧头不干了。心理学家问他为什么，他沮丧地说："我要看着木片飞起来。"

这个实验生动地说明了直接动机——看到木片被砍得飞起来的成就感和间接动机——获得报酬之间的区别。

实际上，几乎所有的人都是如此，能使厨师产生激情的是别人称赞他的手艺；医生感到最幸福的事情是病人被自己治疗康复了；教师最大的幸福则来自许多年后看到自己的学生学有所成……对于个人来讲，梅约定律具有相当现实的意义，如果想要有所成就，我们便应该重视自己的兴趣爱好与自我感受，真正培养自己对于某项事业的兴趣，而不是对金钱、名誉等怀着急不可耐的渴望，这样才更容易激发起我们内在的激情和创造性。

梅约定律在刚提出时，主要是被应用于企业管理方面，许多企业管理类书籍将其作为提醒企业领导者如何去释放员工的主观能动性的一个建议：一个员工如果仅仅为了养家糊口而工作，很难想象他会将工作做得高效而卓越。

有心理学家已经通过实验得出结论：提高薪水只会短时期内激发员工的工作热情，一段时间后，热情便会消退，只能用其他的方法才可以使员工真正持久地保持热情。一个领导者如果能够了解员工的兴趣所在，或者培养其对于工作的兴趣，使得员工对工作真正感兴趣并能从中找到成就感，这个企业必然充满活力。

找准影响上下级关系的因素

不同级别的人之所以难以相处主要是因为关于级别的观念根深蒂固，大多数人都忽略了人与人之间是平等的这一基本事实，所以，我们总是盲目地听从上级的调遣，又自然而然地忽视下级的感受。其实，无论是与上级还是与下级相处，最理想的方式都是以自身的影响力去影响他们，让他们成为我们的帮手，为我所用，以达成目标。

影响你的上级

有些人可能会认为影响上级是一件很困难的事，因为上级的职位比我们高，所掌控的资源也比我们多，所以，大多数人都会受到上级的影响，而不是去影响上级。正是因为影响上级存在一定的困难，所以我们必须掌握一些情感技巧，用情感智慧去影响上级，让上级在不知不觉中向着我们所期待的方向发展。

如何去影响你的上级呢？了解是至关重要的。只有充分了解一个人的时候，才可能有效地影响他，对上级也不例外。我们需要花一些时间对上级进行一个全面的了解，比如说他的个人目标、工作方式、兴趣爱好、脾气秉性、优点缺点、领导风格，等等。了解了他的一切，就能够完全站在他的立场上，以他最容易接受的方式去表达自己的想法，让上级成为我们心目中的上级，帮助我们实现自己的目标。当然，在充分了解上级的同时，还必须让上级真正了解我们，这样他才能给我们发挥作用的机会。

很多人都把上级看成是自己的领导，但却忽略了领导也是个普通人这一重要事实，结果使得自己和上级之间总是有一种厚厚的隔膜，谁都看不清对方。其实，上级除了拥有更多的权力和资

源以外，并没有什么特别的。你并不需要总是无条件地执行上级的命令，对上级唯命是从，你可以表达自己的想法，甚至可以批评上级，当然，前提是你要讲究方式方法。如果你希望上级采纳你的建议，按照你的想法去开展工作，就必须进行换位思考，站在他的立场上去考虑问题，这样才能说服他。当上级犯了错误的时候，你也可以指出来，不过要以真诚的态度指出，而且不能在公众场合指出，以免伤害上司的尊严。

影响上级最大的难度就在于不能让上级察觉到，也就是说，你不能锋芒太露，不能让上司觉得你是一个威胁。如果让上司察觉到他总是在按照你的意思办事，这会让他觉得自己的地位受到了威胁，也会让他在下属面前很没面子。有些时候，我们不妨装装糊涂，故意把想法说得含糊其词，让上级自己来制订计划。这样一来，上级会认为想法是他的，而我们也可以实现自己的想法。

影响你的下级

影响下级看似简单，但要真正做到有效地影响下级，也并不是那么容易的事。你的下级也许会听命于你，但他们却未必是心甘情愿地听你指挥，表面上的顺从不过是碍于你的上级身份罢了。如果是这种情况，你的下级就会始终以一种消极被动的态度去工作，他们所做的完全是你交代的内容，换句话说，他们工作的目的就是为了向你交差。这种应付了事的心态不仅会影响他们自己的前途，同时也会使你的业绩受到影响。

作为上级，更多的人想到的是如何在下级面前树立威信，让下级对自己产生一种敬畏感。其实，尊重你的下级远比让下级敬畏你重要。每个人都渴望被尊重，即使他的地位十分卑微，也同样拥有被尊重的权利。同下级对上级的尊重相比，上级对下级的尊重更加可贵。如果你能够尊重你的下级，虚心听取他们的意见，他们就会觉得自己受到了重视，于是干劲儿更足，更加努力地工作。同时，他们也会觉得你是一个懂得赏识他们的好领导，士为知己者死，他们会因此而更加敬重你，全心全力地为你卖命。

作为上级，是否具有亲和力也很重要。上级在下级面前一定要控制好自己的情绪，不可轻易动怒。如果你经常对下级发火，就会让下级觉得你很难接近，从而使下级都对你避而远之。

让企业产生更多的明星员工的方法

一封电子信件曾传遍台湾的外商投资圈，引起阵阵涟漪："巴克莱证券以合计逾 400 万美元的天价年薪，外加两年保证的优渥条件，挖角港商野村证券三大将：陈卫斌、杨应超、陆行之。"尤其是连续四年获得《机构投资人》《亚元》亚太区半导体分析师第一名的陆行之，是巴克莱证券重金挖角对象。"外资分析师跳槽很正常，不正常的是这样的天价，似乎回到了台湾股市的黄金时期。"一名外商证券研究部主管私底下说。企业抢人大战，随着景气翻升愈演愈烈。尤其是一些明星员工，最容易被挖角。

通常，人们喜欢把行业中的那些佼佼者称为"明星员工"。有研究表明，在一些复杂的工作中，1%最优秀员工的绩效比普通员工高出 127%，1%最优秀投资人创造的投资回报是普通投资人的 5 ~ 10 倍。几乎在每一个行业，比起普通员工，明星员工为公司创造的价值都要高得多。可以说，在企业的发展过程中，明星员工能创造巨大的价值，他们所起的作用也是巨大的。那么，明星员工是如何培养出来的呢？

通常，明星员工都具有一个共同的特征：他们都有很强的工作责任心和职业荣誉感。什么是工作责任心？工作责任心被认为是个体对待工作的一种负责态度。工作责任心强的员工在各个领域都追求卓越，也能自愿承担一些职责范围之外的工作，例如指导或帮助其他同事完成工作。这部分员工有成为明星员工的潜力。大量的调查研究也显示，工作责任心强的员工都具备以下特征：自愿做一些职责范围外的工作；对于工作，始终保持高度热情、积极态度，并愿意为之努力；愿意帮助他人，与他人合作；认同、支持和维护企业文化。所谓职业荣誉感，是指从事某职业的人在获得专门性和定性化的积极评价后，所产生的道德情感。

影响员工工作责任心和职业荣誉感的除了工资、福利、工作环境外，最重要的是领导从心理层面进行精神奖励。

第一，根据员工的不同需求，制定不同的激励政策。从心理的角度讲，员工的需要使员工产生了动机，而员工的动机决定了其行为。也就是说，激励政策应该从员工的需要着手。要做到这一点，首先就必须了解不同层次员工的不同需求。根据马斯洛的需要层次理论，对于薪酬较低的员工，要侧重满足他们的生理需求和安全需求（提高他们的生活水平）；而对薪酬较高的员工，更需满足他们的尊重需求和自我实现需求。即使是同等层次的员工，由于他们的个性和生活环境的不同，他们的需求也有差异。总之，员工的需求是复杂和多样的，在制定激励政策之前，有必要对员工的所有需求作认真的调查。如果公司能够满足，就找出满足的途径。在激励政策有了雏形之后，可以指定具体的细则。比如。将各类需求进行等级划分，规定得到某个激励等级的员工需要满足什么样的条件。在每个激励等级上，都有好几种选项可供选择，如同一个等级的有休带薪假期、技术培训、公费旅游等多个选项。员工可以根据自己的需要选择其中一种。

第二，在公司创建追求成功的团队。明星员工对工作一般都抱着积极进取的态度，愿意与他人合作，也能带动同事的积极性。

第三，建立自律的公司领导层。领导的榜样作用在激发员工工作责任心和职业荣誉感方面起到很关键的作用。各级领导必须以身作则。

总之，只有公司和员工共同努力，才能最大限度地激发员工的工作责任心和职业荣誉感，才能产生更多的明星员工。

群体决策会让个体不自觉地"趋同"

按理说，一群有经验的人在一起应该能发挥超常的智慧。但是，在大部分时候，多少个臭皮匠也抵不了一个诸葛亮。反而臭皮匠越多，越容易使事情变得一团糟。就像两杯50℃的水加在一起不会变成100℃一样。群体在决策的时候，很容易陷入群体思维之中，当要求他们针对某一个问题发表自己的意见时，要么长时间的沉默，要么各持己见、互不让步，最后，通常是群体内那些喜欢发表意见、有权威的成员们的想法容易被接受，尽管大多数人并不赞成他们的提议，但大多数人只是把意见保留在心里而不发表出来。这样的决策过程往往能导致错误的决策。

群体决策容易出现"从众效应"和"极化效应"。从众效应就是屈从群体中大多数人的意见，这样往往会导致群体决策时忽略少数人的一些关键的意见，成员们往往会草率地同意一个错误的决策结果，而不会去仔细想想他们在这个过程中有什么不足。这些负面因素都是导致群体决策失败的原因。极化效应指的是将个人的意见夸大，从而导致做出一个极端的决策。个人的意见可

能是偏向保守的，但是身处一个团体中，往往会忽视自己做决定时的责任感，而将个人的观点夸大，从而导致团体做出比个人思考时更为极端的决策，做出的决策可能极端冒险，也可能极端保守。这种奇怪的现象在现实生活中并不少见。一群富有攻击性的青少年在一起，很容易出现暴力行为。一群偏向激进的企业家坐在一起讨论问题，更容易做出极端激进的决策。这个效应甚至发生在网络上，人们在网上论坛和聊天室里往往发表比平常更为极端的观点和看法。

那么，是什么导致从众效应和极化效应的发生呢？这可能是因为观点、态度相同的人聚在一起，会让个体不自觉地"趋同"，忽略自己独特的观点，因为个体觉得这些观点是不同于他人的、可能不会被接受的；而突出表达和团体大多数人相同的想法，分享与他人一样的想法，尽管这些想法可能是极端的。有研究表明，和个人思考相比，团队思考更加独断，更倾向于将不合理的行为合理化，更可能将自己的行为视为道德所许可的。尤其是当决策的领导者控制欲较强时，很容易迫使团体中意见不合的人从众。通常，不合理的思考都是发生在人们集体决策的时候，而这会导致极端观点的形成。

群体决策虽然能提供更完整的信息和知识，也能开发出更多的可行性方案。但是，群体决策产生的心理效应却让其不能成为一个最好的决策办法。根据研究，最好的决策办法是尽量避免产生各种可能遮蔽思考的错误。一般来说，群体决策的规模以 5 ~ 15 人为宜，不少于 5 人，7 人最能发挥效能。参与决策的成员先集合成一个群体，但在进行任何讨论之前，每个成员需独立地写下他对问题的看法。然后，成员们将自己的想法提交给群体，并一个接一个地向大家说明自己的想法，直到每个人的想法都得到表达并记录下来为止。在所有的想法都记录下来之前不进行讨论。然后再开始逐一讨论，以便把每个想法搞清楚，并做出评价。每一个成员再独立地把各种想法排出次序，最后的决策就是综合排序最高的想法。这样既能集思广益，也不会出现从众效应和极化效应。

可见，群体决策并不是不好的，关键是如何把握决策的过程，让每个成员能在独立思考的同时，不受他人的影响，独立地献计献策。

信息不同使人做出的决策不同

在一条马路上有两家卖粥的小店，左边一家，右边一家。两家相隔不远，每天的客流量看起来似乎相差无几，生意都很红火，人进人出。然而晚上结算的时候，左边这个总是比右边那个多出百十来元。天天如此。一天，一个人走进了右边那个粥店，服务小姐微笑着迎进去，盛好一碗粥后，问道："加不加鸡蛋？"那人说加。她给顾客加了一个鸡蛋。每进来一个顾客，服务员都要问一句："加不加鸡蛋？"也有说加的，也有说不加的，大约各占一半。过了几天，这个人又走进左边那个小店，服务小姐同样微笑着把他迎进去，盛好一碗粥，问："加一个鸡蛋，还是加两个鸡蛋？"顾客笑了，说："加一个。"再进来一个顾客，服务员又问一句："加一个鸡蛋还是加两个鸡蛋？"爱吃鸡蛋的就要求加两个，不爱吃的就要求加一个。也有要求不加的，但是很少。这就是为什么一天下来，左边这个小店要比右边那个多出百十来元的原因。

左边小店就是用"沉锚效应"来增加销售的——在右边的小店中，人们是选择"加还是不加鸡蛋"，而在左边店中，人们选

择的是"加一个还是加两个"的问题，第一信息不同，使人做出的决策不同。

做决策时，人的思维往往会被得到的第一信息所左右，第一信息会像沉入海底的锚一样，把人的思维固定在某处，这就是沉锚效应。生活中，沉锚效应常被用于"利用第一信息为对方设限，进而让对方按照自己的想法走下去"。

沉锚效应的形成，有其深刻的心理机制：当关于同一事物的信息进入人们的大脑时，第一信息或第一表象给大脑刺激最强，也最深刻。而人脑的思维活动多数情况下正是依据这些鲜明深刻的信息或表象进行的。第一信息一旦被人接受，第一印象一旦形成，便会因人在认知上的惰性而产生优先效应，尽管这一信息或表象远未反映出一个人或一个事物的全部。

一位领导向四个组的人介绍同一位新员工，他对第一组的人说：新员工工作很积极；对第二组的人说：新员工工作不积极，你们要注意；对第三组的人说：新员工总的来说工作积极，但有时不积极；对第四组的人说：新员工工作不太积极，但有时也积极。一个月后，抽问四组员工，他们给出的答案几乎与当初介绍的一模一样。

第十章

男女性心理：男人和女人之间的差异

男人和女人之间的巨大差异

男人和女人共同组成了人类这个大家庭。虽然同属一个物种，但男人和女人却有着很大的不同，在思维方式、感情倾向等方面有着很大的差异。男人常常对女人的想法感到费解，而女人也常常觉得男人的做法不可思议。面对同样的问题，男人和女人大多都会做出不同的反应。更要命的是男人和女人还经常相互误解，用自己的想法去揣测对方的心理。在现实生活中，有关两性的问题层出不穷，其原因就在于人们还没有认识到男人和女人之间的巨大差异。

男人的思维是单向思维，他们每次只能思考一件事；而女人的思维是网状思维，她们常常可以同时做几件事情。男人的单向思维决定了男人的专注性更强，他们可以一心一意地做一件事情，不容易受其他事情的打扰；女人的网状思维则决定了女人的想象力更丰富，这使得她们更具有创造性，但她们很难将全部注意力都集中在一件事情上。此外，在看待问题上，男人更善于从大处着眼，而女人则倾向于从细微之处入手。所以，男人更适合掌控大局，女人更适合做具体的工作。

男人更喜欢同男人聊天，女人更喜欢与女人交谈，因为同性之间有更多的共同语言。当女人对着一位女性朋友大谈电影中的精彩镜头时，她们可以聊得非常起劲儿，但如果同一位男性朋友说，则大多会换来对方的冷淡回应。为什么会出现这种状况呢？因为男人和女人在看电影时的侧重点不同。男人更注重整个故事的轮廓，对于其中的细节很少留意；女人则注重细节，她们不仅能记住剧情，而且还能将精彩的台词复述出来。

对于同一句话，男人和女人常常会解读出不同的意思。男人大多会直接解读，而女人则会根据一些非语言信息进行解读。比如有人对男人说了一句："你的衣服真好看！"男人常常会认为是对自己的真心赞美。如果有人对女人说了同样一句话，女人则会根据说话人的语气及表情等其他因素来判断对方是在真心赞美自己、刻意挖苦自己，还是另有目的。同样，男人说话时也大多会直接传达自己的意思，而女人则喜欢拐弯抹角，通过间接的方式表达出自己的真正意思。

男人的思维方式与女人的思维方式有着很大的不同。当男人沉默时，那是他们在思考问题，这个过程在女人看来是无声的，但在男人的大脑中却是有声的。也就是说，男人在用脑"说话"，他们在默默地自言自语。女人正好相反，女人的思考方式不是用脑，而是用嘴，当女人将一系列问题毫无逻辑性地说出来时，那正是她的思考过程的言语体现。

思考一件事情，男人更关注的是事情本身，而女人则会由此联想到很多其他的事情，有些可能与这件事根本就没有关系。当男人与女人共同讨论一件事时，开始时他们或许还能就事论事，可说着说着，女人就开始跑题了，到最后干脆脱离了主题。男人的思维可能还停在原来的主题上，但女人却可能已经更换了无数次主题了。所以交谈进行的时间越长，就显得越不合拍，有时男人甚至根本就不知道女人在说什么。

男人擅长的事物与女人不同，男人感兴趣的事物也与女人的有所差异，所以男人和女人经常出现话不投机的现象。当男人对着女人侃侃而谈国际时事和最新的军队装备时，女人虽然表面上在倾听，实际上心早就飞出很远了。此外，在生活习惯上，男人和女人也大不相同。比如说男人喜欢体育节目，女人则喜欢情感剧；男人喜欢不停地变换电视频道，女人则喜欢停留在固定的频道上；男人很少探听朋友的私生活，而女人却能将朋友的私人事

情娓娓道来。

在对待情感问题上，男人和女人的表现也大不相同。男人追求女人，其目的是为了征服女人，满足自己的征服欲；女人追求男人，则是希望将男人占为己有，与男人确定关系。女人很容易坠入爱河，以婚姻为恋爱的终极目的；男人则对婚姻比较谨慎，将恋爱与婚姻分得比较清楚，时机未到绝不谈及婚姻。在确定恋爱关系以后，女人希望将男人拴得死死的，恨不得两个人一刻也不分开；男人则希望保持自己的自由之身，可以继续与朋友聊天喝酒，继续看自己喜爱的体育节目。女人更注重家庭，男人更注重事业。女人会用心经营自己的感情和婚姻，而男人却很少将时间花在这些事情上。

男人和女人的差异当然不止上面提到的这些，这里不再一一列举。只有我们认识到男女之间存在的巨大差距，才能进一步探索男女差异的原因，找到有关男女两性问题的真正答案。

男人和女人的差异绝非特殊现象，而是一种普遍存在的社会现象。男人的世界有男人的语言和生活方式，女人的世界有女人的语言和生活方式。所以，男人进入女人的世界会感到不适，女人走进男人的世界也会水土不服。

从不适应到适应需要一个过程，而了解对方世界的过程即是适应的过程。世界上只有两种人，男人和女人要在一起工作、生活，还要结婚生子，如果总是处于这种不适应和水土不服的状态，那么各种各样的问题就会接连发生，严重影响生活的质量。

差异并不可怕，只要尊重差异，理解差异，那么男人和女人就可以和睦地相处。当男人和女人都能轻松走进对方的世界而没有丝毫不适时，男女之间的问题也就彻底解决了。

男人喜欢给女人出主意

男人有一个共同点，就是愿意给别人出主意。很多时候，当女人向他们倾诉时，他们只要听就行了，可他们偏不，认真听着的同时还要不时地提出自己的建议，告诉女人应该怎么办。可想而知，他们的好心会换来什么结果——女人越来越激动，越来越愤怒，指责男人只会说风凉话，一点儿也不重视自己的感受。男人也被女人的话激怒了，自己好心帮助女人解决问题却遭到对方的无理指责，简直不可理喻。

生活中这样的场景并不少见。男人是关心女人的，女人是信任男人的，可为什么对彼此的关心和信任会演化成一场战争呢？原因就在于男人和女人互不理解，男人不了解女人渴望被人倾听，女人也不了解男人喜欢给人出主意。

男人喜欢给人出主意，是他们在漫长的进化过程中形成的天性。作为狩猎者，男人的任务就是要精确地击中猎物，为全家提供食物，这也是他们自身的价值之所在。也就是说，男人以击中目标的能力来衡量自身的价值。经过长期的进化，男人的大脑中出现了一个专门负责击中目标的区域，也是这个区域让男人有了存在的价值，而男人也变成了以结果为重的人。他们看重事情的结果，注重自己取得的成就和解决问题的能力，因为这是他们存在的价值。

男人之所以喜欢给人出主意，就是因为他们将解决问题的能力看得很重，并以此来衡量一个人的自身价值。女人如果接受了男人的建议，使自己的问题得到了解决，就是对男人自身价值的肯定。所以，当女人向男人提出问题时，男人也会将其视为一次展现自己解决问题能力的机会，并尽自己最大的努力去帮助女人

解决问题。在男人看来，女人既然提出了问题，就是希望解决问题，而他们恰好可以给予女人这样的帮助。

男人喜欢给别人出主意，但却讨厌女人给自己建议，除非是自己主动请求帮助，否则他们绝不想听到任何建议。

生活中也常有这样的情境出现：当女人看到男人正在苦苦思索问题的答案时，就会提出自己的建议。女人觉得自己这样做是关心、体贴男人的表现，而且也可以帮助男人分忧，因此男人应该感激她们。可是，事实却恰恰相反，男人不但对女人的"好意"毫无感激之情，而且还十分讨厌女人的建议，他们认为这是女人不信任自己、看不起自己的表现。

对于男人的不满，女人往往无法理解，自己如此体贴、关心男人，尽自己的力量帮助他们，为什么还会招来男人的不满呢？如果不是深爱着男人，又怎么会主动提供建议和帮助呢？难道他们没有感受到自己深深的爱意吗？女人可能会觉得很委屈，站在她们的角度来看，她们确实是没有错，也确实有些委屈。不过如果女人了解了男人的心理，那就不会再以这样的方式去表达自己的爱意了。就像女人在倾诉时不想听到男人的建议一样，在男人苦苦思索问题时，他们也不需要不请自来的建议。

对男人来说，独立解决问题的能力是非常重要的，这是衡量一个男人自身价值的重要标准。如果有人怀疑男人独立解决问题的能力，那就是对其价值的否定。女人正是因为不小心犯了这样的错误，所以才造成了男人的误会。

当男人遇到麻烦时，女人应该表示出自己对男人的信任，因为陷入困境的男人是脆弱而无助的，在这种情况下，他们最需要的就是来自他人的信任和鼓励，尤其是来自自己心爱女人的。女人可以选择沉默，不去打扰男人，并相信男人可以依靠他们自己的力量来解决问题。男人会对女人的信任异常感动，这会激励他们的信心，增加他们的动力，更重要的是他们会更加宠爱女人。这就是说，即使女人已经有了解决问题的办法，也要克制住自己不直接给男人建议，这才是向男人展现爱意的最好方式。

我们经常看到生活中很多能力出众的女人，她们的老公一事无成。出现这样的状况或许不能都怪男人，女人能力太强，不给男人表现自己的机会，这会让男人的信心大大受挫，时间长了自然也就毫无斗志了。

男人面对问题喜欢静静地思考

男人的压力反应机制与女人不同，当压力到来时，男人会选择做一些其他的事情，让自己放松下来。男人的压力反应机制是在原始社会长期的狩猎过程中形成的，并一直延续到了今天。自原始社会，当男人结束了一天的狩猎生活回到家里时，他们不会交流，常常会一个人坐在火堆旁发呆，或者与其他男人一起做一些轻松的事情。对于奔波一天的男人来说，回到家最需要做的事就是休息，只有让身体和精神都得到了充分的休息，才能在第二天更好地进行狩猎活动。

原始时代男人狩猎后的表现与现代男人工作后的表现颇为相似。当男人工作了一天回到家里以后，他们或者拿着遥控器漫无目的地转换电视频道，或者去打游戏、看报纸，他们不想说话，更不想交流，有时还会直奔房间将自己关起来。男人不想把自己的问题告诉女人，更不希望与女人讨论问题，他们只想暂时逃离问题，让自己放松下来，也许第二天他们自己就可以找到有效的解决办法。

男人的这种表现很让女人不解。为什么不说出来呢？说出来

不就没事了吗？至少也可以让自己轻松一些呀！所以，当女人发现男人的精神状态不太好时，总是试图与男人交谈，希望男人能将内心的烦恼说出来。女人以为自己这是在帮助男人，可实际上，男人根本就不需要这样的帮助，女人的一再追问只会让男人更加心烦。

男人为什么要这样呢？因为他们需要集中全部的注意力将问题尽快解决。男人不想用他们的问题去烦别人，也不想给别人带来负担，他们只想自己静静地思考，而不希望任何人、任何事来打扰他们。

当男人几乎把全部注意力都集中在正在思考的问题上时，根本就没有心思去应付其他的事情。如果女人在这个时候企图和男人交流，自然也不会有好的效果。即使女人关切地询问男人的情况，男人也没有心思去回答女人，只会用简短的"嗯""好"等来应付女人。当然，对处于这种状态的男人来说，由于其注意力全都在自己的问题上，因此他们很少意识到自己是怎样对待女人的，也不知道自己已经给女人造成了伤害。

男人的回答显然不能让女人满意，当她们发现男人总是心不在焉时，就会觉得自己不被重视，甚至认为男人心有他属，不再爱自己了。结果，女人在一边独自哀伤感怀，而男人却根本不知道发生了什么，想到了解决问题的办法后，又会恢复往日对女人的热情。

男人把自己封闭起来并不意味着对女人的爱有所减少，更不意味着不再爱女人了，这些不过是女人的自我臆断罢了。男人之所以会忽视女人的感受，在与女人交谈时心不在焉，是因为他们的思维正在被他们自己的问题牵绊着，而男人的思维又是单向性的，不可能一心二用，因此对女人的疏忽也是在所难免的。女人据此认定男人不爱自己显然是在自寻烦恼，与男人发生争吵就更是不理智，为什么不给男人一点儿时间，让男人安静一会儿呢？

不过，如果男人一直都找不到解决问题的办法，那么他们就会继续封闭自己，即使不沉默，也会做一些自己喜欢且不需要其他人参与的事情，继续沉醉在自己的世界里，以求得到解脱。这样的精神解脱往往很有效，在精神得到放松之后，思维会变得更加活跃，这对解决问题很有帮助。

如果女人真的希望帮助男人，就应该配合男人，给男人独立的空间，帮助男人尽快摆脱烦心事。

虽然说男人自我封闭是一种自然的反应机制，但男人却不能因此而将女人的感受完全置之不理，女人天生敏感很容易受到伤害。男人有自我封闭的权利，女人有享受倾听的权利，只有男人和女人相互谅解，彼此尊重，才能达成更多的默契，实现更好的配合。

男人讨厌陪女人购物

说到购物减压，往往是女人的专有名词。哪怕只提到购物二字，人们也会在第一时间联想到女人。没办法，女人就是喜欢购物，几个女人可以漫无目的地在商场逛上一整天，而且无论买不买东西，心情都会变得轻松而愉快。

心理学家对女人购物给出过这样的解释：女人的确可以通过购物减压，释放压力，获得快乐，因为女人通过购物可以完成从工作的服务角色到"上帝"的转换，尊严感在购物过程中得到了极大的满足；购物时的高度专注，可以帮助女人忘记工作中的不愉快，有利于她们调整心态；买到一件满意的商品时，特别是买到一件满意的衣服时，女人会有很强的成就感，甚至是对自身形

象直至整个自我的肯定。由此看来，女人购物的确是一种享受。诚如弗洛伊德说的，做出一些非理性（冲动消费）的行为，也是对自身心理能量的一种释放。

男人就不同了，他们不喜欢购物，通常都会由他们身边的女性代劳，比如说他们的妻子或母亲。即使男人外出购物，也会速战速决，绝不会在商场停留太久。大多数男人在商场停留 20 分钟之后，就会感到大脑发胀。

对男人来说，购物简直就是一种折磨，他们不但不会因为购物而变得轻松，反倒会变得精神紧张。英国的心理学家戴维·路易斯博士经研究发现，男人在购物时的精神紧张度可以和警察处理暴徒时的精神紧张度一样高。

男人更讨厌陪女人购物。男人一般都会将购物时间控制在 20 分钟以内，但这短短的 20 分钟显然是无法满足女人的要求的。如果男人答应陪女人购物，那就意味着男人要花比 20 分钟多得多的时间泡在商场里，这将让男人变得异常烦躁和沮丧。

男人讨厌陪女人购物和他们的进化过程有关。

原始社会中，男人最初的任务是狩猎，在狩猎过程中，男人的目光必须始终盯住猎物，并尽快捕杀猎物。他们的视野比较狭窄，往往是直线性的。他们喜欢沿着直线前行，而不喜欢七拐八弯地绕行。男人没有挑选猎物的经历，当他们发现猎物时，就会立即做出捕杀的决定，并迅速猎取，然后马上回家。现在，男人仍然在以同样的方式购物，他们发现自己想要购买的物品以后，就会迅速作出购买的决定，然后将其带回家。男人不喜欢货比三家，更懒得精挑细选。

可是女人不同。远古的女人在采集果实时需要四处探寻，找到最美味的果实，然后再带回家。女人今天的购物方式也与此相似，她们不愿意放过任何一家店铺，各种各样的店铺琳琅满目，女人喜欢在其间不断地穿梭，以寻找自己最喜爱的商品，但这对于习惯直线行走的男人来说显然是很难适应的，因为每次转弯他们的大脑都要做出清醒的判断。

从根本上说，男人讨厌陪女人购物是受不了女人在商场里长时间漫无目标地转来转去，因此，女人如果希望男人陪自己购物，那就要给男人一个确切的目标或一个时间表，而且要尽量压缩购物时间。当男人有了目标之后，他们就会更有动力，只有让他们为了实现既定的目标而努力，他们才不会感到忧虑和紧张；如果女人希望男人将某种商品买回家，那最好告诉男人具体的牌子和价位。当男人找到商品之后，别忘了表扬他们。男人本不擅长购物，所以女人必须不时调动男人的积极性才行。如果女人让男人陪自己买衣服，就一定要提前确定自己要买的款式和花色，不要让男人跟着自己到商场四处转，也不要一件接一件地试起来没完，更不要一个劲儿地询问男人的意见。男人的大脑很难把握花色和款式，他们不能给女人有价值的参考意见，而女人一再的询问却会让他们心烦意乱。

男人购物是讲究效率的，他们希望在短时间内选购到自己需要的商品。如果转了一圈后女人什么都没买，男人就会非常郁闷。所以，如果女人只是想随便逛逛，没有确切的目标，那就最好找自己的女性朋友陪着，而不要让男人陪着。

男人不关心细节和别人的私生活

一对夫妇刚参加了一场朋友举行的舞会。回家的路上，女人显得很不高兴，对男人不理不睬。虽然男人不知道女人究竟怎么了，但他已经意识到一定是自己又让女人生气了，于是，一边讨

好女人，一边试探女人的口风。终于，女人说出了自己的不满，她责备男人不关心自己，让自己被外人嘲笑。男人被女人说得一头雾水，他仍然不知道自己做错了什么，他整晚都在与女人一起跳舞，一直陪伴在女人身边，难道这还不够关心吗？看到男人一脸茫然，女人真是又委屈又气愤，她开始数落男人的不是：那个在自己面前炫耀的女人，她已经对其厌恶至极了，可男人却对那个女人非常热情，更可气的是，男人竟然答应在舞会后将那个讨厌的女人送回家。女人越想越气，难道男人没有看到对方挑衅的眼神和讽刺的话语吗？难道男人看不出自己要和那个女人保持距离吗？在男人弄清女人生气的真正原因以后，他反倒变得更加糊涂了。两个女人明明在自己面前上演了一场没有硝烟的战争，可为什么自己会毫无察觉呢？

男人就是这样，总是这样粗枝大叶，不关注细节。这又是男人的大脑惹的祸。男人可以记住事情的主体和大致的轮廓，但对于其中的具体细节，则基本上没有印象，或者说印象不深。尤其对于一些非语言信息，男人更是很难察觉到。

远古时代，男人是狩猎者，他们的目标是捕获猎物，他们不需要关注猎物长什么样，更不需要关注猎物的表情，因为这些对于他们捕获猎物毫无帮助。如果他们整天关注这些无关紧要的细节，那么他们恐怕连一只猎物都捕获不到，这样一来，他们自己和妻儿就都要饿死了。他们真正需要关注的是猎物的速度和逃走的方向，这才是能否捕获到猎物的关键。

男人更不关心别人的私生活。男人喜欢与自己的朋友在一起喝酒，聊天，做运动，他们与朋友相聚的时间并不短，但奇怪的是，他们对朋友的私生活状况却知之甚少。他们可以轻易地说出朋友最近在做什么新的项目、打算买什么牌子的汽车，但却说不出朋友的妻子和孩子们最近发生了什么事。女人则刚好相反，她们对朋友的私生活非常了解，但是对朋友的工作情况却不太关心。女人总是试图从男人的口中了解他们朋友的私生活状况，但结果却往往让女人大失所望，因为男人的回答不是"不太清楚"，就是"他没有说"。

为什么会这样呢？因为私生活向来都不是男人之间的谈论话题，这是在原始社会就已经形成的交谈习惯。对于整天外出狩猎的男人来说，探讨彼此的私生活状况显然对他们的狩猎活动毫无帮助。在狩猎过程中，男人需要长时间保持沉默，以免惊走猎物。也就是说，男人不需要太多交谈，即使要交谈，他们交谈的话题也会围绕狩猎而展开，以帮助他们捕获更多的猎物，至于彼此的私生活状况，则完全没有必要了解。正因为朋友的私生活对男人来说并不重要，所以男人才不会主动询问。

男人的确不太关心朋友的私生活状况，但那并不意味着男人不关心朋友。在男人看来，如果朋友的私生活遇到了什么麻烦或出了什么问题，那么朋友就一定会主动提出来的，因为他们自己也会这样做。如果朋友什么都没说，那就是不想说或者没什么可说的，当然也就没什么可问的了。男人是不会逼对方说些什么的，很多时候，男人们在一起只是打球、喝酒，很少说话，甚至一句话都不说，但他们并不觉得有什么不妥。在男人看来，朋友的相聚更像是一种休憩，可以有效地缓解压力。

女人更擅长拆穿男人的谎言

很多人都认为男人比女人更爱撒谎，其实不然，女人和男人一样爱撒谎，只是男人的谎话更容易被女人拆穿，所以才给人们留下了男人说谎更多的印象。

为什么女人更擅长拆穿别人的谎言呢？这是因为女人对肢体和语音信号有着超强的辨别能力，这种能力可以帮助她们洞察其他人的真实心理。女人的这种能力是由先天的生理因素决定的，是在长期的进化过程中形成的，这既是她们的生存需要，也是她们的生活需要。

相对男人来说，这种能力对女人更重要。在人类漫长的进化过程中，女人一直都承担着繁衍后代和照顾孩子的重任，当男人外出劳动时，她们必须独立面对随时可能发生的紧急状况。在身体状况上，女人无疑是天生的弱者，所以她们必须能够迅速识别接近她们的人的来意，及时发现潜藏在身边的危险，这样才能更好地保护自己和孩子。如果不具备这样的能力，她们就会将自己和孩子暴露在危险之中。也就是说，女人的识别能力其实是对自己的一种保护，是生存的需要。另一方面，在相当长的一段历史时期，女人的主要职责都是照顾孩子，所以准确识别孩子的情绪，也就成为她们的生活需要。她们必须能够迅速判断孩子的真实情感，这样才能更好地与孩子进行交流。社会发展到今天，女人的生活模式已经发生了很大的变化，但在进化过程中形成的一些基本能力却被保留了下来。

女人表现出来的对肢体和语音信号的超强识别能力，主要是由大脑的结构决定的。脑部核磁共振显示，女人在交流时会有14个到16个脑部区域参与其中，而男人则只会动用4个到7个脑部区域。这就意味着女人在交谈的同时可以做比男人更多的事，察觉到男人察觉不到的信息。在女人参与交流的这些大脑区域中，有些用来解码语言，有些用来解码语调的变化，还有些用来解码肢体动作等，这是女人的额外优势，也是女人感觉敏锐的主要原因。男人觉得女人有"第六感觉"，其实只是女人的感觉更敏锐罢了。

谎话之所以会被察觉到，就是因为大多数谎话都牵涉到感情因素，而一旦牵涉到感情因素，就一定会以某种形式表现出来，比如说视觉和语言信号。对于具有超强识别能力的女人来说，要识别这样的信号可以说是轻而易举的，一个异样的眼神、一声轻轻的叹息、一次不经意的摇头等，都会被女人察觉到。一般来说，谎话说得越大，牵涉到的感情因素越多，表现出来的说谎信号就越多，被人察觉到的可能性也就越大。所以，对亲密的人撒谎，尤其是对亲密的女人撒谎，谎话就很可能会失灵。

　　这也和女人对有关感情的事物有着更强的记忆能力有关。女人的大脑中有一个非常重要的组成部分，它的主要功能就是用来存贮、搜索记忆和使用语言。这个重要的组成部分就是海绵体。在男孩和女孩的成长过程中，海绵体的成长速度是不同的，这也就决定了男人和女人对事物的记忆能力是不同的。女孩大脑中海绵体的成长速度要快于男孩，所以，在那些涉及感情的事物上，女人比男人有着更强的记忆能力，她们总是记得谁曾经对她们说了什么样的谎话，所以，当男人再次对女人说谎时，就会被女人马上识破。由此看来，对女人说谎实在是太难了。

女人喜欢喋喋不休

　　有很多男人表示跟女人交流效率很低，也很累，因为女人总是跑题，而且从来都抓不住要害，这让他们浪费了很多时间。很多时候，男人甚至不知道女人究竟要说什么，以至于他们不得不打断女人的话，提醒女人回到主题上来。女人通常也会很配合，马上重返主题，但用不了多久，她们就又跑题了。因此，与女人交流，男人通常会感到身心疲惫，而且还可能根本就没有结果，

这是男人最难以接受的。

难道女人是在故意和男人作对吗？当然不是。事实上，女人的跑题是女人自己无法控制的。女人不像男人，男人的大脑是单向性的，这就意味着男人可以将全部注意力集中到当前的主题上。男人的专注性决定了他们会直奔主题，且在交谈的过程中始终不偏离主题。

女人的大脑是多向性的，且左右大脑联系较为紧密，其感觉和思维的联系也比较密切。在交谈的过程中，当女人的感觉发生改变时，她们的思维就会随之改变，从而使她们的语言内容偏离原来的主题。

其实，女人跑题不是彻底的跑题，而是通过对其他相关事物的回想与分析，对主题做出更为合理的判断与分析。也就是说，女人会在交谈的过程中引申出其他的话题，但这些话题大多都是为主题服务的。女人更倾向于站在更高的角度，着手去解决一系列问题。她们往往会从一个点开始谈起，然后慢慢扩大到一个面，由一件具体的事物引出了很多相关的事物，也包括个人的想法和观点。换句话说，女人都具有"举一反三"的能力，她们的大脑总是不知疲倦地工作，将她们正在谈论的事物和在她们大脑中闪现的其他事物联系起来。所以，女人喜欢长篇大论，总是由一件简单的事情牵扯出很多其他的事物。当然，女人引申出的话题未必都对主题有所帮助，但她们必须通过这样的方式来思考和分析。也就是说，女人的跑题其实是她们内心的分析和思考过程，只是她们用语言将其表达出来了。

可是，在男人看来，女人的长篇大论根本就是没有必要的，因为这其中的很多内容都对解决问题毫无帮助，直接挑有用的说不就行了吗？但对女人来说，长篇大论却是很有必要的，因为只有通过对各种情况的分析和总结，她们才能找到问题的解决办法，提出有价值的观点和建议。

男人思考问题时也会想到其他相关的事物，但不同的是男人有明确的目的，他们的思考都是围绕主题进行的，所以，在交谈中，他们自然也希望女人直奔主题，抓住问题的关键发表自己的看法，这样他们的交谈会更有效率。

殊不知，这真是难为女人了。女人的大脑根本就抓不住要害。遇到一个问题，男人希望尽快解决问题，所以他们首先会考虑问题的关键在什么地方；而女人则不同，她们并不急于解决问题，而是要马上说说问题，在说问题的过程中，自己会想到很多其他的事情，解决问题的办法也往往会在此过程中产生。

男人还有一个困惑，就是女人为什么总能喋喋不休地说个不停。让两个女人在一起说上一整天是绝对没有问题的，她们不需要什么确定的主题，也不需要什么特定的目的，仅仅是漫无目的地聊天，她们就可以聊很久。为什么女人总有说不完的话呢？这是因为女人的语言中枢非常发达，词汇储备也异常丰富，对于一个女人来说，每天说出 6000 到 8000 个词语是轻而易举的事。男人却没有这个本事，一个男人每天说出 4000 个词语就已经是上限了，所以男人绝不可能像女人那样喋喋不休。

女人每天都有很多话要说，如果在工作时说不完，她们就会带到家里去说，或者是在下班后找朋友一块儿聊天。两个女人逛街时总是叽叽喳喳，说得热火朝天，而两个男人则大多比较安静；女人打电话经常在一小时以上，而男人打电话则讲究速战速决，一般在几分钟内就挂掉了电话。这些都是语言功能不同的表现。正是因为这种差异的存在，才使得男人在与女人交谈时经常处于被动的位置，男人才会意识到女人的喋喋不休。

喋喋不休其实是女人的一种减压方式。女人发达的胼胝体虽然为左右半脑的连接提供了更多的通道，但也同时给女人带来了

麻烦：女人很难像男人那样轻易地专注于一件事情，即便放松时也不行。这就是说，女人没有办法通过放松的方式来摆脱压力，因为她们根本就无法完全放松下来。

当男人做运动或者是进行一些娱乐活动时，他们的注意力就会从左脑转移到右脑，这样就使得善于理性思维和逻辑分析的左脑得到了休息，所以他们也就可以走出日常生活的压力，让自己放松下来。但对于女人来说，要让左脑完全休息下来是不可能的，即使在她们进行娱乐活动时，她们那善于理性思维和逻辑分析的左脑仍然在高速地运转着，所以她们是不可能通过这样的方式来消除压力的。而在女人喋喋不休的诉说中，通过对各种问题的回顾，她们就可以从中解放出来，情绪也会随之好转。

当然，女人并不会跟每个人都喋喋不休。只有在面对自己喜欢的人时，女人才会喋喋不休。女人喋喋不休的对象可能是她的朋友，可能是她的父母，也可能是她喜欢和信任的异性等。总之，这个人必须是女人喜欢的。如果是面对自己不喜欢的人，女人是很少说话的。男人应该明白，如果有一个女人在你面前喋喋不休，说明这个女人不是喜欢你，就是信任你，她对你一定是有好感的，否则她是不会在你面前说这么多话的。在女人看来，讲话是一种奖赏，是一种信任，只有自己喜欢的人才配拥有这种奖赏，得到这种信任。

女人喜欢拉着手走路

无论在大街上还是在商场里，手拉着手走路的女性几乎随处可见，而手拉着手走路的男性则很少见到。

为什么女性喜欢拉着手走路呢？因为女性的触觉更敏感，她们更喜欢通过触觉的方式去感受亲情、友情和爱情。无论是拥抱还是拉手，这些身体上的接触对女性来说都是非常重要的。当她们与自己的亲人、爱人或朋友一起行走时，她们通常都会拉着对方的手或挽住对方的手臂；当她们受到伤害或感到委屈时，她们更希望得到他人的拥抱。在女人看来，身体上的接触既是亲密无间的一种表现，也是对自己心灵的一种抚慰，因此是十分必要，也是必不可少的。

女人的这一特点是由其体内的一种激素决定的，这种激素即为催乳素。催乳素除了促进乳腺生长发育、引起并维持泌乳等作用以外，还具有兴奋触觉感受器的作用。在人体的器官中，皮肤是最大的一个，共分布着 280 万个痛觉感受器、20 万个冷觉感受器和 50 万个触觉感受器。在某种情况下，外界的刺激会促使大脑命令腺垂体分泌一定量的催乳素，从而造成触觉感受器的兴奋，使人产生一种被拥抱的欲望。男性体内也存在催乳素，但其含量非常小，因此男性的触觉不容易兴奋。

受催乳素含量的影响，女性的触觉要比男性的触觉敏感得多。一项权威的调查显示，即使对触觉最不敏感的女性，也要比对触觉最敏感的男性敏感。如果用数字来计算，女人对触觉的敏感程度大概要比男人高出十倍。给予男人和女人同样的拥抱，女人的感觉要比男人的感觉复杂得多。很多时候，男人甚至会对一般的身体接触毫无感觉，特别是当他们正是全神贯注地做一件事情时。在各种社交场合中，两个女人之间的身体接触通常都要比两个男人之间的身体接触多出 4 倍到 6 倍。

女人的触觉比男人敏感还有一个原因，那就是女人的皮肤比男人薄。女人的皮肤比男人更有弹性，但女人的皱纹也比男人多，这就是因为女人的皮肤下面有一层厚厚的皮下脂肪层，但随着年龄的增长，脂肪层就不会再像以前那样饱满，从而导致了皱

纹的产生。男人的皮肤厚对他们的狩猎生活更有利，只有对伤痛不敏感，才能在穿过丛林、擒拿猛兽时发挥自己最大的力量。人们常说男人比女人的忍耐力更强，对一些小伤满不在乎，其实，那是因为男人根本就没有感觉到女人那么大的疼痛。

在出生时，女孩对触觉的敏感性也要比男孩高，但此时男孩的触觉也是比较敏感的。所以，对于孩子们来说，无论是男孩还是女孩，触摸都是非常重要的。孩子们渴望与爸爸妈妈进行亲密的接触，这既可以让他们获得安全感，也会让他们觉得自己得到了更多的关爱。在童年时期，男孩和女孩都喜欢和小伙伴们手拉着手一起玩耍，但随着他们的成长，男孩和女孩逐渐变得越来越不一样，女孩对触觉的敏感度会逐渐增加，而男孩对触觉的敏感度则逐渐降低。当男孩和女孩都长大成人之后，女人的触觉要比男人敏感10倍左右。

男人常常会误解女人对自己的接近，他们以为女人在向自己发出性暗号，其实，女人只是渴望一种亲密无间的抚慰，与性根本就没有什么关系。这时，男人只要给予女人适当的抚摸和拥抱，女人就会觉得特别满足。所以，男人如果希望获得女人的芳心，那就多给她们一些拥抱和爱抚吧！

女人总是试图改造男人

很多女人结婚后都有过失望的感觉，觉得男人的表现与当初或者自己的想象相去甚远。这是由于现实跟女人的想象所产生的落差造成的。每个女人心中都有一个完美情人，她们在现实生活中苦苦寻觅，就是为了寻找自己渴望的完美情人。功夫不负有心人，当她们终于将目光锁定在某个男人身上时，她们认为自己已经找到了一生的幸福。然而事情并不像她们想象的那样，甚至可以说与她们想象中的情形相去甚远。经过一段时间的密切接触以后，女人开始发现男人身上有很多坏毛病是自己无法忍受的。

失望之后，女人不甘认命，就开始按照自己心中完美情人的标准去改造男人。女人或许会想：如果男人爱自己，就会愿意为自己做出改变。可真实的情况是：即使男人很爱女人，他也不会愿意为了女人而变成另外一个人。当男人的耳边总是响起女人要他做出改变的声音时，男人就会对这个女人感到厌烦。男人会想："既然不喜欢我，当初为什么还要选择和我在一起呢？总是试图把我变成另一个人，那还不如去找另一个男人，又直接又省事！何必在这儿折腾我呢？"男人的想法似乎很有道理，只可惜大多数女人都没有意识到，她们已习惯了改造身边的男人，而不是去选择另一个男人。

女人对男人的直接改造很少有成功的，因为男人都渴望被肯定，而不希望被否定。一旦男人觉得自己受到了否定，就会很快产生排斥心理。

看到男人对自己的态度越来越差，女人满心委屈：在谈恋爱时，男人明明说过愿意为自己做任何事情，现在不过是让他做一点小小的改变，他就这种态度，难道当初所说的一切都是骗自己的吗？女人对男人当初的甜言蜜语还记忆犹新，可男人却早就忘了。当初的话不过是为了哄女人开心，男人根本就没放在心上，只是女人太认真了。

相对于被改造，男人更愿意为所爱的女人付出。为女人付出，看到女人因为自己的付出而沉浸在幸福之中，男人会觉得非常满足，这是对他们自身价值的肯定，他们有能力让自己所爱的女人快乐。如果要改变自己，那就完全不一样了。女人希望改变男人，一定是因为女人觉得男人还不够好，不能让她们满意，

这会让男人觉得自己受到了否定，从而产生不快。

其实，女人也不是绝对不能改造男人。如果女人能够换一种方式，在肯定男人的前提下让男人不知不觉地改变，那就两全其美、皆大欢喜了。

比如说，女人喜欢男人穿衬衫，可男人却习惯了穿 T 恤衫，如果女人直接要求男人穿衬衫，男人一定不会听女人的，因为男人会认为女人在怀疑自己的审美能力。但如果女人在男人偶尔穿衬衫时对男人大加赞赏，称赞男人穿衬衫的样子多么潇洒迷人，男人就会觉得自己受到了肯定，以后也会逐渐增加穿衬衫的次数。再比如，对于男人的某些坏习惯，女人则可以用自己的言行去影响男人。两个人长期生活在一起，受到彼此的影响是很正常的，这种影响应该说是彼此间相互适应、磨合的结果。有些男人在结婚后把烟和酒都戒了，就是因为受到了妻子的积极影响。人的本性虽然不容易改变，但是生活习惯和行为习惯却会随着生活环境的改变而发生变化。用自己的实际行动去影响男人或者用自己的真情去打动男人都是比较有效的，但一定别让男人觉得你在改造他。

女人如果希望男人做出改变，就一定要抓住男人的特点，策略性地改造男人。当然，女人也不能奢望男人可以变成自己想象中的那样，因为人的本性很难改变，再说女人心中的完美情人实际上也是不存在的。

女人说话喜欢刨根问底

生活中经常可以看到这样的情形：当男人和女人在交谈时，女人向男人提出了一个又一个问题，而男人在回答问题的过程中，变得越来越没有耐心，最后干脆找机会离开。男人或许会感到奇怪，怎么女人总是有那么多问题呢？这哪里是在交谈，分明是在拷问！如果你觉得女人是在拷问你，那可就冤枉她了，这不过是她的语言模式罢了，她只是想通过提问的方式来了解自己想要了解的状况，仅此而已。事实上，如果你能够主动说出事情的具体情况，她就不会一再追问了。

女人喜欢刨根问底，无论什么事情，都要问个究竟，一个细节都不肯放过。对于如"很好""还行""差不多"等模糊不清的回答，女人是不会满意的，她们想知道其中的每一个细节，而不是简简单单的一句总结。

当女人问你最近怎么样时，她其实真正想知道的是你这段时间都做了什么、家里都发生了什么、工作和爱情有没有新的进展以及现在和将来有什么打算等具体的情况。如果你只回答说你最近很好，那就会让女人感到很失望，因为在她看来，你根本就没有回答她的问题。如果女人第一次发问得不到自己想要的答案，那么她们就会继续追问下去，直到对方的答案让自己满意为止。

女人刨根问底的习惯是与生俱来的，基本上所有的女人都具有这样的特点。在人类进化的过程中，女人经常要独自守护家园，但女人毕竟是天生的弱者，自己的力量是有限的，所以她们必须结交更多的朋友，与这些朋友处好关系，这样她们才能在危难之时得到帮助。

也就是说，女人能否生存主要取决于自身的交往能力。为了更好地与身边的朋友交往，她们必须要了解每个朋友的详细状况，这样才有利于整个群体的生存。所以说，女人了解细节的渴望其实是她们的生存需要。尽管时代已经变迁，但她们刨根问底的习惯却被一直保留了下来。

女人这种刨根问底的特点也和她们的大脑结构有关，女人的

大脑更注重细节，所以她们希望探寻事物的细节，了解具体的情况。正是因为女人都喜欢刨根问底，都喜欢探讨细节，所以两个女人在一起才总有那么多话可说。在女人看来，跟女人交流要比跟男人交流容易得多。因为女人会主动说出事物的细节部分，不需要过多地追问，而男人则只能是问一句说一句了。

女人常常会想：为什么男人总是问一句说一句呢？为什么男人不能主动把事情说得详细具体点儿呢？她们并不明白，男人真的没什么可说的，尤其是那些细节，都已经忘得差不多了。男人自然可以理解男人的想法，但是女人并不理解，如果你对她的问题爱答不理，或者含糊其词，她就会认为你不喜欢跟她说话，或者说你正处在某种负面的情绪之中。虽然你很确定你现在的状况很好，对她也没什么不好的看法，但女人却已经做出了判断，并理所当然地相信她得出的结论。

当然，女人并不介意帮助男人回想起事情的具体情况，她们可以通过一系列带有导向性的问题让男人将自己想要了解的情况说出来，并将男人的琐碎回答组织成一个完整的片段。如果男人能够配合女人，让女人了解到她们想要了解的情况，女人就会觉得很满足。

不过要完全满足女人的需求并不容易，毕竟男人不像女人那样，可以记得事情的全部细节，如果女人一再追问那些男人已经记不清的细节问题，就会让男人很心烦。如果遇到这种情况，那么男人不妨直接告诉女人自己已经忘记了。

女人喜欢刨根问底，却并不会对所有事都刨根问底，只有涉及她们关心的问题时，她们才会刨根问底。女人一般都比较关心其他人的私生活状况，这与她们渴望维护关系的本能有关，是与生俱来的。对于其他如工作技术等方面的事情，女人则很少刨根问底。男人应该清楚，刨根问底是女人的天性。

女性喜欢夸大其词

一个女人在跟别人生气时可能会这样说："他总是这样，我决定再也不理他了。"这样的表达显然就是在夸大其词，"他"肯定有不是"这样"的时候，这个女人也不可能永远都不再理"他"了。

女人就是这样，喜欢夸大其词，尤其喜欢夸大自己的情绪。这种语言习惯并不是某个女人的专利，而是所有女人通用的一种情绪表达方式。可以这样说，夸大其词的语言方式是女性社会的一部分，所有的女人都可以接受。当两个女人在一起交谈时，如果一个女人进行夸大其词的表达，另一个女人则很可能会附和对方。比如一个女人说："那个人总是跟我作对！"另一个女人就很可能会说："就是！"

女人因何喜欢夸大其词呢？这是因为夸大其词会使得女人之间的谈话更有趣，更让人兴奋。在女人的大脑中，注意力的核心是人，她们更注重生活及人与人之间的关系，对这些事情大肆渲染，将会使她们谈话的兴致倍增。

有些时候，女人夸大其词还是为了引起对方的重视。比如当一个女人多次奉劝一个男人不要在办公室吸烟后，这个男人仍然没有要改的意思，于是，女人就会对他说："你怎么总是把别人的话当耳边风，我真是再也不想看见你了！"这时，如果男人按照字面的意思去理解女人的话，就会将其看成是人身攻击，觉得自己受到了伤害，从而与女人发生争吵。其实，女人的真正意思是希望男人不要再在办公室里抽烟了，她已经被他的烟呛坏了。

女人夸大其词不过是为了引起男人的重视，让男人停止这种不好的行为。女人的夸大其词的确很可能引起男人的误会。女人

的大脑更注重感觉，所以在表达时会更注重自身感觉的表达；而男人的大脑则更注重事实和数据，所以他们更倾向于从字面去理解女人的意思。女人在表达情绪，而男人却在解读文字，这样一来，就造成了男人对女人的误会。如果男人和女人都不肯退让，也都不肯做出合理的解释，误会就会进一步加深，并最终演化成两个人之间的矛盾，伤害彼此的感情。而这一切的根源，就是男人没能读懂女人的真正意思。

男人如果希望与女人相处得更加融洽，就应该了解女人在表达情绪时有夸大其词的语言习惯，这样才能避免只从字面上去解读女人的意思，造成对女人的误会。在表达情绪时，女人的夸大其词是为表达情绪服务的，因此不需要将语言内容本身看得过重，更不可信以为真，与女人就此争论。男人应该试着去适应女人这种夸大其词的语言习惯，在不涉及自己的情况下，以同样的方式与女人交流会让你们之间的交谈变得更加有趣，女人也会因此而认为你是一个很好的交谈对象。

其实男人有时候也夸大其词。比如说男人会夸大自己取得的成绩，夸耀自己的收入有多高、工作岗位有多么重要、女朋友有多么漂亮，等等。这就是说，男人和女人有时候都爱夸大其词，只是夸大的内容不同罢了。如果不了解这种差异，男人就会相信被女人夸大的情绪，而对女人所说的事实表示怀疑，这显然不利于交流。

第十一章

婚姻心理：爱情需要尊重和理解

在约会中看懂男人

男人的内心世界从每一个细微的表情或动作都能反映出，就算他再怎么深藏不露，都有法眼将他看穿。

谈情说爱的一种浪漫方式就是约会，爱情也常因约会而不断升温。不知渴望爱情的 MM 们初次与男生约会，对方的表情及肢体语言是否有留意呢？

特征表情 1：彬彬有礼，始终微笑

貌似他亲和力很强，一出场脸上就始终挂着迷死人不偿命的微笑，很有风度。第一眼看到他，会让 MM 怦然心动，觉得自己心目中的就是"他"。

解读：千万别因此冲昏了头，他迷人的微笑、很有礼貌的行为表现，只因他把自己严严实实地包裹起来。表面看来与你很近、很亲，实则他的心离你很远很远。他害怕受到伤害，也害怕伤害到他人，所以，他会将自己的真正想法与感受极力掩饰。

约会建议：不可对这样的男人掉以轻心，别立刻就误以为他对你有好感，他只是不敢将真实想法表现出来，像蜗牛一样背着重重的壳，把自己保护起来。你需要冷静下来，并表现出你温柔、亲切的一面，让他慢慢放松，从而卸去层层伪装，把心声向你袒露。

特征表情 2：笑容灿烂，热力四射

他就像热情如火的太阳一般，笑容很灿烂，每一个动作都极优雅大方。初次见面就表现出极为洒脱的一面，言语风趣幽默，滔滔不绝，他的情绪会不知不觉地感染 MM 们。

解读：一见面他就如此热情的表现，总想和你套近乎，无疑他对你产生了浓烈的兴趣，于是将他的魅力极力表现，借由表情、说话、动作来表达自己的情感，希望能引起你的注意，并将你的芳心赢得。

约会建议：这是很容易相处，懂情趣的男人，且很有影响力，很容易打动MM的心。但是，他的感情浓烈，投入一段感情很快，情淡了也会很快抽身离开。你若被他深深吸引，请随时保持警惕，想方设法让爱情保鲜，才能把他的心抓住。

特征表情3：紧张兮兮，坐立不定

他的脸很容易红，低着头不敢正眼瞧你，握紧双手，说话还有些"口吃"，身子微微颤抖，不停玩弄手边的小东西。第一眼看到他，会让MM觉得他没有男子气概，没什么兴趣。

解读：别因此把他的存在忽略，或是看贬他。他所表现出来的紧张与不安，多是因为他太重视、太在乎你，希望在你面前表现最好的一面，以至于无法抑制内心的激动，导致变得紧张、慌乱起来的神情、言语。

约会建议：这是一种很感性被动的男人，希望被呵护与关爱。你若喜欢他就应以平等的眼光看待他，用真诚的心感化他，主动与他交心，慢慢地，他会平静下来，对你表现出依赖感，希望能成为你的亲密爱人，并一生珍爱你。

特征表情4：彻底放松，不拘小节

一脸轻松的他，如同与熟悉的老友见面。很随意地入座，身体后仰，或是把腿张开，一只手托着腮……怎么舒服怎么来。第一眼看到他，会迷惑MM。

解读：第一次见面就如此随便，彻底放松，说明他没把你看成异性，目前对你没有爱情欲望。他喜欢和你在一起，但要与你有进一步的感情发展他现在没有想过，只会把你当成"哥们儿"，希望与你随意、放松地交谈，任何束缚都不受。

约会建议：这是种很随性的男人，讲"哥们儿"义气。你若对他没兴趣就到此为止，结束爱情游戏；如果他正对你的胃口，就得秀出你的性感与魅力。当他把你当成女性看待时，你俩才可望升级为恋人关系。

特征表情 5：冷静严肃，眉头微锁

表现镇定自若的他，会不自觉地变得严肃起来，抿嘴皱眉，双眼紧紧跟随着你，关注着你的一举一动，像是要把你从外到里看个透彻，活像个侦探，令 MM 紧张起来。

解读：他对你如此关注，甚至会不停地向你发问，对你提出各种意见。这表示他在对你不了解之前与你保持距离，怀疑你，正在考虑是否与你谈感情。这都是他不自信的表现，不会轻易将真情付出。

约会建议：约会这样的男人很难放轻松，因为他太喜欢挑刺。面对他的意见，无须过多辩解，也别急于表白心声，只要安静的倾听，适时给予回应就好。如此也能让你了解到他真正想要什么，以便爱情攻略能更好地发起。

特征表情 6：左顾右盼，眼神飘忽

他总是恍惚的眼神，有点坐不住，常常会四处张望，与你说话也是有一茬没一茬，反应迟钝，双腿在不停抖动，时而看看手表，时而玩弄手机，给人的感觉是"身在曹营心在汉"。

解读：他如此心不在焉此次约会，只能说明他对此次约会根本提不起兴趣，无心谈情说爱，只想着能赶快结束约会，逃离现场，将尴尬的境地摆脱。

约会建议：这样一个男人随时想逃跑，你还有谈情说爱的欲望吗？如果觉得看他如此神态会让你有快感，那就将约会进行到底；倘若无法忍受或是深深同情他，何不遂了他的心愿，尽早将此次约会结束呢！

看了上面的，应用到你的约会中吧，看看约会的这个男人是不是自己要找的那一个。

爱情需要尊重和理解

常言道夫妻之间要相互尊重，相互理解，相互扶持！也有词语形容家的，最经典的比如"家和万事兴"这句话！

可现在这样的话我们不时都会听到："我们之间明明有爱，可为什么并不幸福，甚至到了要离婚的边缘？"这也是很多夫妻百思不得其解的问题。

当然他们各自有绝不相同的烦恼的原因。有的是妻子埋怨丈夫太抠门儿、不会挣钱、缺乏情趣……有的是丈夫说妻子太霸道、只知道穿衣打扮、自己的错永远不承认。

两个都固执的人认为，问题是出在对方身上。如果对方改变，就没事了。

可是，我们想过没有，对方为什么非要改变，非要照我们希望的去做？难道就因为我们是夫妻？我们之间有爱情吗？自己应该怎么做，难道我们比他们本人更了解吗？

人和人之间要互相尊重，我们经常讲。但又有几个人懂得它

的真正内涵呢?

对那些地位比我们高、令我们高山仰止的长辈、上司,我们做到尊重很容易。

可当我们面对的真的是一个弱势的人、一个从表面上看好像哪里都不如我们的人,比如乞丐、比如囚犯,这种发自内心的尊重我们还能有吗?

夫妻之间亦是,对他们身上那些闪光的地方、我们所欣赏爱慕的地方,当然很容易尊重;然而他们身上那些所谓的缺点、让人看不惯的地方,我们能做到尊重吗?

需要用我们的心去贴近那个人才能真正地尊重。

每个人都是自己生命的主人,每个人都有自己活在这个世界上的独特性。

何况任何事情都是两面派,缺点,换另一个角度看,可能就被优点取代了!

再说我们自己也是不完美的本身,又有什么资格去要求别人一定完美呢?

爱情和剪刀不一样,不应成为我们"修剪"他人的工具;彼此相爱的两个人,成为分不出彼此的双胞胎也没有必要。

爱,并没有给我们改变对方的权利,反而提醒我们,对彼此应以更大的宽容去尊重。

极端一点说,当什么时候,你能对爱人的"怪癖"以及你所认为的蠢事一笑置之,那么恭喜你,你的手中已经抓住幸福了。

因为,当我们能够怀着一颗尊重的心面对爱人,你才会发现自己的内心是如此平静。

不再总是抱怨的我们,完全地接纳对方的一切,我们的心也不会让对方身上那些"毛病"像刺一样扎着了。

怨气不存于心中,我们才能有和缓的语调,才能有温柔的举动，才能正常地表达爱。

而因为我们的懂得，对方也会将同样的尊重与关爱回报给我们。

如果说把爱比作一条河流，唯有尊重，才能够让它欢快而顺畅地一路东行入海。

所以，脏话千万别在夫妻之间说，别说伤害对方的话！有时候不经意的一句话也许就真的伤了对方，你还不知道呢！记住生气吵架时千万别说诅咒的话！每一句爱人之间的诅咒语都是很灵的哟！

爱他（她）要尊重他（她），再生气也不可以出口伤人，言语的伤口有时一生都在流血。身体的伤害很容易治愈，精神的伤害是可怕的后果。

女人千万别把男人伤透，俗话说，人活脸树活皮！假如你用刀子在别人身上割了一刀，就算刀口愈合了，可是那道伤痕却永远存在！钉子再小，一旦在墙上钉过了，小小的洞也会留下！

有人曾经说过，人与人相处第一印象要和谐，第一次相处不好，以后再想相处融洽那就是很困难的事！爱人与爱人之间不管是小小的吵架，还是打架，千万别开头，有了第一次，第二次、第三次……就会有。

往往男人都是自私的，自我的，很大程度上他们不考虑对方的感受！一阵暴风雨过后！遍体鳞伤的往往是女人，不管怎样弥补，在女人心里已经种下了根深蒂固的阴影！老婆就是老婆，只要去疼，不要拿来比较，别说别人的老婆比她漂亮，别数落她不够能干，龙配龙来凤配凤，漂亮的，你没有福分独拥，能干的，你有能力享用吗？更何况"安知千里外，不有雨兼风"？女人天生是弱者，需要男人的疼爱，精神的伤害对她们来说将会有更可怕的后果。

最起码的礼貌和尊重在夫妻之间是必然的！有的夫妻说，都是夫妻了，还尊重什么呀！看着就烦！看着就累！是啊！他们忽略了，现在的烦和累就是因为他们的不礼貌和不尊重导致的！有的夫妻为什么会分道扬镳呢！也是因为这样！

当然这样的疾病有的夫妻在早期就理解和预防了，所以他们的婚姻能够天长地久！有的夫妻要在生活中去慢慢品味，所以生活艰辛！身心憔悴！

不要朝老婆撒气，一个只会对着老婆指手画脚的男人是最窝囊的男人。老婆是你家庭花园里的月季，老公应该是特聘的专职园丁，园丁尽职了，开得更灿烂的就会是花朵。但老婆也不是整天待在花园里娇生惯养的月季，风雨的洗礼她也要经历，像男人一样面对社会、事业、同事，面对尝试、成功、失败，她们遇到比男人更多的困难，回家等着处理干净的还有永远做不完的家务，还有孩子的学习、生活需要料理妥当，老公就不能让老婆也放下面具，做回自己。轻松点吗？

"家和万事兴"这句真理你永远要相信，当人们手挽手走进了婚姻的殿堂，请你爱抚和关爱你的另一半，不要让婚姻变成地狱，变成魔鬼，变成杀手！要让你手里的婚姻变得阳光，变得有朝气，变得如诗如画，变得浪漫永久！这样就需要你们自己小心经营，多费心思！

其实不仅夫妻之间是这样，情侣间同样需要。

现在大多数的孩子都是独生子女，谁又肯为谁完全委屈自己，顺从他人呢？但是从另外一方面来讲，去支配他人当今的青年又是很喜欢的。这样就形成了一种很鲜明的矛盾，结果很有可能是不欢而散，一方想让另一方完全遵从自己的观点，觉得完全不可以理解对方的想法和解释；而另一方觉得站在自己面前的是个独裁者，自己根本没有发言的余地，而且理解和尊重根本得不到。

在生活中这样的例子应该是数不胜数的吧，为什么总想让别人完全听自己的呢？你能完全体会到别人的想法和处境吗？你又不是别人，你为什么能觉得别人的想法都是可笑的而就你的想法是可行的、高尚的呢？朋友，别让彼此难受，别人怎样想有别人的道理，这个是任何人都无法完全体会的，所以尊重别人，可以吗？

只有这样两个相爱的人才能走得更远，执子之手与子偕老。

懂得珍惜，学会拥有

在网上男孩和女孩认识了，男孩很懂事，女孩很任性！女孩问男孩，你唱歌好听吗？男孩说，别人唱歌要钱，我唱歌要命！女孩笑着又问，知道猪死是为什么吗？他开玩笑说跟你一样笨死的！从此这个幽默的东北男孩便被女孩记住了。

很喜欢上网的男孩，几乎天天泡网吧。女孩从此便喜欢到网吧看着电视挂 QQ 等男孩，即使工作再累，女孩也会坚持！只要看到男孩的头像是亮着的，即使不聊天，就这样陪着，默默的，也会觉得很幸福！那时在女孩心中爱情的种子正慢慢发芽……

慢慢地，女孩越来越了解男孩，女孩知道男孩跟她在同一个城市工作，都在外资企业上班。女孩心里涌起淡淡的幸福，心想能不能跟他见上一面呢。

女孩比男孩小三岁，女孩调皮地让男孩叫她姐姐，男孩不肯，说哪有比自己小三岁的姐姐，女孩说，也许我例外呢，男孩说想让我叫就先让我看看你，于是女孩给男孩发视频，男孩接受了，网速很慢，男孩和女孩都焦急地在电脑屏幕前等着，五分钟

后，女孩看到的是一个单眼皮男孩，发型很酷，阳光帅气，男孩看到一个飘逸长发、长得美丽清纯、眼睛会说话的女孩，女孩说，现在可以叫姐姐了吧，男孩在话筒边低声地叫了声姐姐，女孩幸福地笑了！男孩的心被纯真的笑容触动了！

女孩的公司到了旺季，工作很忙碌，每天只能休息 6 小时。女孩已经一个星期没有去上网了，男孩依旧每天上网，打游戏跳劲舞，只是女孩的头像是灰色的，感觉好像什么少了，很空虚！女孩很想念男孩，却因为工作的原因不能去网吧陪男孩！可是关心的贺卡和女孩喜欢吃的零食每天都会收到，但是送礼物的人从没说明身份，女孩很纳闷，因为工作忙的原因也没有深入调查。

终于，紧张的工作可以告一段落，女孩可以放松一下了。女孩再次上网已经是一个多月以后了，对女孩来说这一个月简直是漫长的折磨！而男孩也在饱受相思的煎熬！一上线看到男孩的头像是亮的，就兴奋地给男孩发了个问候的信息，男孩却迟迟没有回复，女孩等待得焦急而又失落，五分钟，十分钟，半小时……终于在一小时后男孩的头像才跳动，跟着跳动的还有女孩的心，紧张地移动着鼠标，却看到男孩简单的回复：姐姐，我闹心！女孩问怎么了，男孩说他女朋友失踪了，好难过！女孩移动鼠标的手突然僵硬，瞬间晶莹的泪珠从脸上滑落。心被刺痛着！没想到漫长的相思换来的却是痛苦的折磨！原来他有女朋友，女孩伤心地安慰着男孩，让他别担心！男孩突然给女孩发了个视频，措手不及的女孩，擦干泪水，接受了，男孩隐约看到女孩脸上的泪水，和微红的双眼。问她哭了？倔强的女孩用手指用力地摁着冰凉的键盘，说没有！男孩说那为什么眼睛那么红？女孩说太久没上网了对电脑过敏，男孩追问，是对电脑过敏还是对他的爱过敏，女孩蒙了，不明白男孩的意思，给男孩发了一串问号，男孩说：傻瓜，我失踪的女朋友就是你啊！你知道吗？我已经在网上足足等了你 37 天了，为什么一直不上线？每天让我在无尽的相思中度过！我告诉过自己，如果再见到你，我一定要告诉你我一直在等你，等你接受我，等你带我到幸福的彼岸去！恍然大悟的女孩又流出了感动的泪花！男孩问女孩能接受他的爱吗？女孩使劲地点着头，这时男孩也红了眼圈……

第二天，他们在约定的花园见面了，男孩捧着 11 朵鲜红的玫瑰花，里面有一张贺卡，上面写着：亲爱的，请带我到幸福的彼岸！女孩看到贺卡上熟悉的字迹，原来每天就是他这个神秘人送我零食！从那天接视频后，男孩知道女孩一个人上网，怕女孩太晚回家不安全，便查了女孩的 IP 地址，在女孩所在的网吧门口等女孩，默默地在后面保护着女孩，直到女孩安全回到宿舍，男孩才放心地离开。女孩再次感动地流下眼泪！男孩把她拥入怀中。

两人交往着，很幸福，男孩总是无微不至地照顾着女孩，女孩有时很任性，男孩每次都让着她。把女孩给宠坏了，女孩以为这就是幸福！

两人有一次约会时，男孩向女孩求婚：亲爱的，愿意嫁给我，带我到幸福的彼岸吗？女孩调皮地说，要我答应，你要给我买我爱吃的果冻。于是男孩跑到对面的超市去买了一大堆女孩爱吃的果冻，回到女孩身边，女孩又说薯片和板栗她也想吃，男孩又急匆匆地跑去对面的超市，女孩看着男孩帅气的身影，觉得很幸福！心想，再捉弄他最后一次就带他到幸福的彼岸！男孩又拎着一大堆板栗和薯片满头大汗地跑回来了，女孩又撒娇地说：巧克力我也想吃，男孩说这是最后一次了哟，女孩点头，这次到超市之后男孩买了女孩爱吃的巧克力、沙琪玛、瓜子……生怕女孩会不依不饶地要个没完，在穿过马路的时候一辆大卡车突然撞向男孩，还没等男孩回过神来，已经倒在血泊里，血肉模糊，手

中的零食七零八碎地落在马路上。女孩发出刺耳的尖叫！奔向男孩，痛苦的男孩睁开眼睛，用尽最后的力气说着，亲爱的，我……不能……陪你……到达……幸福……的彼岸……了，然后永远地闭上了眼睛。女孩看着散落一地的零食，悲痛万分……

我们从这个故事中知道，在恋爱时不要给对方错误的宠爱，不要给对方太多的放纵，不要太任性，不要太听话，要懂得珍惜，要学会拥有！

爱一个人是需要勇气的

爱情似乎自古以来一直被颂扬为是美好的，但是这确实又经不起推敲。说爱情美好只是一种不可论证的直觉主义，恋爱之后的种种被认为美好的事实我们可以罗列出，它给我们带来了心理上的慰藉、关怀、甜蜜、依赖感，还有让人感官愉悦的性爱。但是恋爱给我们带来的痛苦我们同样也可以指出：嫉妒，争吵，狭隘的占有欲……我们不只是享受爱情带来的好处，爱情带来的坏处也要承受着，这么看来其实恋爱是一把双刃剑，在有些时候也确实不是一件美好的事情，甚至还给人带来不必要的无休止的烦恼。而那些传颂万世的爱情故事，究竟是爱情美丽的魔力，让人无怨无悔至死不渝，还是让人作茧自缚执迷不悟的爱情邪恶的诅咒？

要说爱情是美好的，还不如说，勇气是爱情需要的。

甜蜜的爱情，是两个人之间的深厚交流与真诚信赖，勇往直前的气魄，敢想敢干、毫不畏惧的气概。

一柔一刚的爱情与勇气。看似并无交集，实则不然。众所周知，狭路相逢勇者胜，在两军比拼的过程中，比的就是勇气，赛的就是军魂。在爱情的战场里，同样需要勇气，勇往直前的气魄同样需要。

因为自己的世界每个人都有，都有自己所追求的目标和所信奉的价值。没有任何人有权闯进别人的世界，干涉别人的生活，这人权和尊重是最起码的。按此来说，那么爱情只是一个人的诸多价值或者情感之一，人不一定非要恋爱，自己多余的精力可以释放在他所追求的其他方面，比如事业。一生未婚的康德，却站在了人类思想的顶峰。但是一旦你选择了恋爱，那就意味着你将本属于你自己的世界打开了，愿意另一个人走进你最私密的情感世界，这对于一个人来说，是需要勇气的。因为当你接受一段爱情时，就要随之付出很多，也许起初这份爱你并不懂得如何去呵护，也许你呵护过火，对对方太好，而给了对方莫大的压力，也许你并无在意，以为只要对他（她）好就行了，但对方需要什么你并不知道，时间久了，你们会因为一点点小事而生气，吵架甚至分手。同样，也是需要勇气走入一个陌生的世界的。至于婚姻，是一件更伟大的事情了，因为你都已经向另一个人打开现实生活空间了，这是怎样的一种信任和无私啊。当然，我们至少还把这里所说的爱情与婚姻当作一件美好的事情来讨论，此列不包括那些仅仅满足荷尔蒙欲望的恋爱和充满着交易的婚姻。

所以，无理取闹是不行的，爱是需要彼此信任的。如果非要说恋爱是美好的，那不如说，爱情所带来的甜蜜本身并不是这种美好的源头，而是来自人类对他人的无私与信任这样一种高尚的情操。正是由于这种信任，爱情所带来的甜蜜才会产生，也正是由于不够信任，才带来了爱情的痛苦。"感觉"这个东西也是奇怪，感觉在时，一切都好办，感觉没了，不可能办好任何事。

当然，恋爱意味着将另一个人接纳，前提就是这个人足够适合你，如果你的世界里面还在跳着华尔兹，而他却跑起了

一百一十米栏，把你的世界冲撞得七零八落的。那你一定会将他一脚踢出门外。一件不容易的事情就是遇见一个合适的人，遇见合适的能一起走向婚姻，相扶到老就更是难得了。但是如果你遇见了，希望你抓牢点，因为两个默契的人在一起经历了雨雪风霜，穿越了地老天荒，装点了对方的生命，精彩着彼此的精彩，这件事情会是很浪漫的。毕竟最丰富人生的不是财产，而是经历。

而有些人，他们不知疲倦地更换着对象，恋爱似乎并不需要什么勇气，但是鲁莽和勇敢毕竟是两回事。爱情与婚姻就像是股市一样，有些人会一夜暴富，血本无归家破人亡的也有，能小心驶得万年船的老江湖究竟有几个呢？

我们不能告诉那些仍徘徊在恋爱之外的人恋爱有什么好处，也不能告诉他恋爱有什么不好，我们只能将"爱情有风险，恋爱须谨慎"负责任地告诉他们。

但已经爱了，就请你们记得好好珍惜对方，要懂得沟通，如果你现在刚刚分手，请不要变成敌人，请记得你们曾经相爱过，结果不要太在乎，只要过程中有过美好的回忆，那就不要觉得有遗憾了。你不要想不开，因为毕竟爱过彼此。只能说你们有缘无分，也许你的另一半一直在前面等你去寻找。也许就是这样的人生，有着开心，有着心酸。你有时也许会抱怨上天对你太不公平，你对他（她）这么好，他（她）却这么绝。其实你这样想大可不必，你今天付出的多，将来回报的更多。爱就是自私的，没了感觉，你对他好只能是一种负累。何不宽大你的胸怀，给对方幸福，放他（她）离开，这对自己也是一次新的机会。给他幸福，也许你以后更幸福。所以爱一个人是需要勇气的，你如果想经营一段爱情，就要准备好一切！

爱情是另一种新生

　　有人说婚姻是爱情的坟墓，试想如果婚姻是坟墓，为什么有那么多人走进了婚姻的礼堂，如果婚姻是爱情的坟墓，该怎样来解释那太多幸福的婚姻？

　　当然不幸的婚姻也不能排除，但是，大家是否真正思考过为什么有人结了婚最终却以离婚收场呢？难道真的是结了婚爱情就没有了吗？不！如上所述，婚姻是情到浓时自然成的表现，有牢固的基础。大家都清楚，婚姻中的争吵要么是一些生活中的鸡毛蒜皮的小事，要么是两个人的观点或意见不统一。大多数都是由于客观原因造成的。所以，婚姻中的争吵和爱情有关系吗？显然没有！既然争吵和爱情没关系，那么离婚也无非是两个人无法再继续生活下去了，这样看也就和爱情没关系，并不是由于婚姻的存在而导致全无爱情。既然这样，又怎么能说婚姻是爱情的坟墓呢？再说，如果爱情全无，最终分手真的是婚姻导致的话，那现实生活中有很多并没有结婚的恋人也最终分手了，这又怎么解释呢？

　　也许还有人说，就算是两个人最终没有离婚，那随着时间的推移，爱情最终也会转化为亲情。但这并不是简简单单变为了亲情，而是爱情的一种延续和升华。你必须承认，人类社会中较稳定的关系之一就是婚姻，正是我们在婚姻中对爱人的爱情越来越浓，越来越深厚，我们才更多地加入了对亲人般的无私的感情在里边，这也就是人们说的亲情。如果真的是单纯的亲情，那么，在对父母兄弟姐妹的时候，是不是又是不同的感情呢？可见，这并不是真正的亲情，只是在爱情中添加了亲情，爱情被升华为一种高尚、无私、伟大的超越爱情的爱情。

婚姻这所学校，使人们迅速成熟起来。正是在婚姻生活中不断地磨炼，人们的心态更为平和，情绪更为冷静，难道平淡是这种平和和冷静吗？

如果只是停留在表面的爱，没有实际的生活，那爱永远是一种虚空的幻想。爱情中相处久了的两个人，没有丰富的生活底蕴，没有新生活的延续充实，没有新生命惊喜的来临，爱就会变得乏味。生活离不开希望，没有生命的延续，希望的开始从哪儿来？如果每个人只是爱情长跑，爱情什么时候才可以成熟，结果，爱情的归宿又在哪儿？

也许有人会说，婚姻扼杀了爱情，这只是个别人片面的理解。平凡而平淡的婚姻，只是在某种程度上将爱情的浪漫淡化了而不是埋葬和扼杀。它只是用婚姻这种形式进一步表现演绎了爱情的浪漫。其实浪漫在婚姻中并不缺乏，一个轻轻的拥抱，一个浅浅的眉吻，一朵旷野里的小花，一条幽默好玩的短信，一件爱人喜欢的小礼物，一句疼爱贴心的话语，一种焦急而担忧的牵挂，都是婚姻中表现浪漫爱情的形式。

爱情在婚姻中由一种表面的火热变得平实，有了婚姻的爱情是完美的，有了爱做基础，婚姻是美好的。婚姻其实是爱成熟后的一种产物，在一定意义上它让爱更加深邃和赋有内涵，并赋予了爱一种神圣的责任，来完成一种生命的延续，使未来的一切继续繁衍生息，将一种希望给了生活。

彼此爱着的两个人在婚姻中会逐渐展示自己真实的一面而加深彼此的了解，不会只守着一份空洞的承诺来敷衍对方虚幻的生活，爱只会让人慢慢变得虚伪。为了展示自己好的一面，爱情中的两个人往往伪装着自己，这样的伪装会让心感到累，让它只会像一艘惊涛骇浪中没有依靠的孤舟，飘摇不定居无定所，而找不到停泊的港湾。而婚姻却将一种坚实的依靠给了心。

爱因为婚姻而有了结晶，有了归宿有了依靠，更是让爱得以进一步升华。婚姻是爱情发展到一定程度的必然，没有婚姻的爱情是不负责任的，爱情没有婚姻是不完美的。婚姻看似是一种传统的爱的模式，其实它更是爱的延续和寄托。婚姻将一种实质性的内容赋予了爱情，使爱情在婚姻中具有了一种灵性的东西，一代又一代的生命得以延续着。

　　爱情没有婚姻只是一种空洞的情感，虽然时常有着花前月下的浪漫，但没有生活的爱情永远不会有爱的果实。即使两个人再相爱，总是在一起卿卿我我，总有一天生活的单调和乏味你会感觉到。两个人的爱情永远只是一种光鲜的浪漫，而婚姻中一个苹果的关怀、一杯茶的温馨是比浪漫更值得品味的一种感觉。只有爱走进了婚姻的殿堂，真正意义上的生活才能开始。而当爱走向婚姻，有了彼此爱的结晶，你就会感觉到真正的爱的生活，虽然这样的生活会渐渐趋于平淡，但平淡是真，在平淡中感受另一个生命的成长，感受生命将鲜活带给我们，是我们感受生活最真实的时候。你生活的希望是这份真实和美好给的，让你感到生活的快乐与欣慰。所以，幸福的婚姻不仅是爱情的延续，也是爱情的归宿，更是爱情的升华，爱成熟后收获的累累硕果。

　　一对老夫老妻在夕阳下相互搀扶，那是婚姻赋予爱一种责任后的相互依存。晨曦里两双大手里牵着一双小手，那是婚姻赋予了爱情一个全新的生命，在其中爱更加健康茁壮地成长。夕阳下，晨曦中，这是我们生活中最美最温馨的画面，我们在欣赏着它的美丽的时候，内心有了更多真实的感动。所以，爱情的演绎离不开婚姻，婚姻不仅不是爱情的坟墓，它更是爱情的另一种新生，你爱情鼎盛的时期就是美满的婚姻。

不想恋爱的心理是有原因的

也许你这个人喜欢自由，毕竟谈恋爱是两个人的事情，你不仅要做自己的事情还要关心他（她）的一切。习惯了一个人的生活，可能你会觉得有点累，所以你不想谈恋爱。

也许爱情和选咖啡一样，习惯了一种香味的咖啡，就再也不想尝试其他的味道了。可以说是深入骨髓的迷恋吧。所以，爱情只为他（她）存在，即使自己比谁都懂他（她）的手不可能会牵上。

也许曾经被爱情伤害，或者是因为生活在单亲家庭中，看透了一段感情，结束另一段感情，一边渴望有一个永不破灭的怀抱，一边又对婚姻感到恐惧。

但是，爱情就像是一个方程式还没有得到解答，谁也不知道最后的答案是什么，但是当答案出来的时候，你也就会放弃你的坚持，最后把这个自己期盼已久的答案拥抱。

对自由喜欢的人认为，单身并没有什么不好，你一样可以关心你喜欢的人，这样可以让大众觉得你是一个很好的朋友；而恋爱中的人，对别人表示关心则会引发醋意，从爱情观说也是对爱情不够忠诚，但不关心别人则又把很多友谊失去了，一旦你分手了，就赔了夫人又折兵。所以现在单身，不是说你不向往爱情，而是证明你痴情于未来的他。

爱情来晚点，走得就不会太早。

一个优秀的人单身说明这是个足够优秀的人，一个再优秀的人随意恋爱说明这人的优秀只是表面而已，真正希望对方好的，就是在背后默默关心对方。最好的承诺，不是爱你一万年，而是根本不需要承诺。

上学时，周围接触最多的人都年龄相仿，所以价值观都差不多，都想着将来有个好工作，有个好恋人。正因为理想差不多，所以两个人在一起会很开心，走到一起也就很容易了。至于恋爱是否会影响学习，这里就不说了，因为既有促进作用，也有消极作用，每个人都不一样。

不是靠寻找才有恋人的，因为在没有完全了解对方之前，对方可以为了吸引你暂时改变自己，而一旦你完全了解对方后，离分手就不远了。所以恋爱应该是日久生情，彼此非常熟知后自然地走在一起，甚至表白也不需要。不要认为对方人很好就轻易妥协，人好不是爱情的全部，你们做打算时必须为爱情的将来。

如果遇到一个女孩，你深爱的，而你感觉她也喜欢你，大部分的人都是直接就开始交往了。这样做的后果就是前面所说的，最后让一个深爱的人失去了。你应该以朋友的名义关心她，在毕业后仍保持联系，然后为了她努力工作。当你在事业上有所成就后再去找她，如果此时她仍在等你，说明这个人你没看错。

女孩，一个很快就喜欢上你的男生，以后喜欢上别人也会很快的。

爱情在学校里是无知的，在社会中的爱情可能是有目的的，永恒的爱情是遇到逆境仍走下去的。

和一个最适合自己的人在一起不是爱情，遇到一个更适合自己的人时，能够坚守自己对所爱的人做出的承诺才是。爱情不是两个人眼睛对视，而是两个人的眼光投视同一个方向。

看起来网上的"爱你，为你做这些事"很感人，因为大部分人都不是这种爱情。爱情不是一种潮流，你要有自己的看法，在你的理想恋人未出现时，你选择一直单身要有毅力，而不是找个替代品。当你做到后，网上传的那些事，在你的爱情中是再基本不过的了。

　　男生，不要在谈恋爱时抱着不适合就分手的想法，一定要慎重地考虑清楚，女朋友就是你未来的老婆，结婚只不过是多一张无用的纸而已，结婚并不是为爱情加了锁，从来就不需要任何东西束缚真正的爱情。一旦你选择了恋爱，就要有一种责任感，为你父母的儿子、你老婆的丈夫、你未来孩子的爸爸你要负责！

　　虽然另一段爱情的重新开始是分手，但初恋只有一次，一个人在初恋中对爱情的向往是最多的，而一旦恋爱失败，以后的每一次恋爱中，还是初恋最难忘。

　　所以，不是恋爱不想，而是，随便的恋爱不想！

　　虽然有的人嘴上说不想恋爱，但是，其实在他的内心中一直都住着一个人，这是他们的坚守，他们内心说不出的秘密，在内心中总是还保有一个期盼、一个理由来等待，因此，他们不是不想恋爱，而是在等待那个可以陪自己恋爱的人。

　　有的人，面对生活中父母失败的婚姻，从失败的婚姻中品尝到的只有痛苦和悲伤，所以他们从心理上排斥爱情，即使当爱情到来的时候，他们也总是会怀疑这份爱，这样的爱情也往往充满着伤害，所以，与其让自己痛苦，那么，还不如从根本上把痛苦的根源断绝掉。

　　但是，七情六欲对于人都是难以逃脱的。这是人的一种本能反应，当你生命中真正的伴侣出现的时候，你们彼此之间就会产生一种很奇妙的感觉，会让你不由自主地想要去靠近他，即使你还在心中保有一份理智，告诉自己，现在不是恋爱的时候，或是你自己根本就不需要爱情，但是，不要忘记，开心、快乐、幸福的感觉，是我们都无法逃脱掉的。更不要说，这种甜蜜美好的感觉，是你在内心中期盼已久的东西了。你会让它从你的身边就这样地溜走吗？

　　所以，那些不想恋爱的人，不是不想恋爱，只是没有遇到让他们想要去恋爱的人。既然这样，就耐心地等下去吧！总有一天你会想要轰轰烈烈地恋爱一场的。

夫妻不要忽略对婚姻的经营

有资料表明，男女相爱激情一般只能维持 18 个月。在这 18 个月的时间里，双方能够如胶似漆，形影不离；18 个月后，双方"黏合力"则会大大降低。可以说，当今情侣分手、夫妻离婚的频繁发生，在很大程度上是"18 个月效应"在起作用。

"七年之痒"是个舶来词，出自梦露主演的影片《七年之痒》。影片故事很简单，一个结婚 7 年的出版商，在妻儿外出度假时，对楼上新来的美貌广告小明星想入非非。在想象的过程中，他的道德观念和自己的贼心不断发生冲撞，最后他做出决定：拒绝诱惑，立刻赶去妻儿所在的度假地。

"七年之痒"最直接的意思是：随着时间的推移，存在于夫妇之间的新鲜感丧失，情感出现疲惫或厌倦，从而使婚姻进入了瓶颈。

有句顺口溜说：握着老婆的手，就像左手握右手。其实，夫妻相处久了，极度的熟悉和了解可能会让夫妻忽略了经营婚姻的重要性。幸福像花儿一样，你不精心地培育、浇灌、剪枝，那花就一定开不出你想要的鲜艳，弄不好还会在骨朵时就早早夭折了。

在婚姻的经营上，男人绝对不如女人，尽管男人也渴望拥有美满的婚姻，但他们却对此感到无所适从，因为他们不知道究竟该怎样做。既然男人不会主动做出改变，就由女人来安排一切吧。

首先，试着跟他保持距离并给他造成适度的危机感，这是把他重新吸引到你身边的一个致命办法。对于已经得到且其他人也不感兴趣的女人，男人常常会失去兴趣，当然也就不会有什么激情。这就要求女人一定要保持自己对异性的吸引力，千万不要因为只专注于操持家务而让自己失去魅力。

其次，暂时抽离现在的生活。现实生活的压力是导致激情消失的重要原因，当男人整天被工作搞得晕头转向，女人被家庭琐事闹得心烦意乱时，生活的激情自然就会减少。试想连仔细欣赏对方的时间都没有，还谈什么甜甜蜜蜜呢？如果能换一个环境，情况就会完全不同了。

每个月都进行一次旅行。即使不能到风景秀丽的景区，也要到郊区或附近的城镇走一走，或者去一家温馨舒适的旅馆度过一晚，总之一定要换一种环境，而且要保证新环境的安静和舒适。

女人注重浪漫，男人追求新鲜，一个充满浪漫气息的新环境恰好可以同时满足男人和女人的愿望，让女人享受浪漫，让男人感受新鲜。即使是已经失去激情的夫妻，也很可能在这样的环境中重燃激情。

当然，男人未必会答应你，但只要他不是强烈反对，你就一定要坚持你的主张，把他带入你精心设计好的计划之中。当他发现这次外出带给他的感觉是如此美妙时，他就会发现他对你仍然是非常感兴趣的，他还是像以前一样爱你，而且你们之间仍然可以是充满激情的。这些美好的回忆将让他对你的看法发生巨大的转变，对你们的婚姻也会有重新的定位，相信用不了多久，他就会主动约你外出度假了。

男女性在家庭中的角色差异

在女人心中，家庭是最重要的，她们愿意为了家庭付出自己的一切。结婚之后，尤其在有了孩子之后，女人会将自己的大部分精力都放在家里，料理家务，照顾孩子，家里所有的事似乎都是女人在打理。为了家庭，她们甚至可以牺牲自己晋升的宝贵机会，有些女人还为家庭放弃了自己多年的梦想，在家里做全职太太。

女人的这种习惯和进化有关。在人类进化的大部分时间里，女人的生活都是以家庭为中心的，她们已经习惯了这种生活方式，而男人显然还没有习惯。作为守巢者，女人的任务就是要打点好家中的一切，不让男人有任何后顾之忧，她们料理家务，照顾孩子，这些事她们一直都在做。

男人对家庭的重视程度却不如女人。在男人心中，家庭是重要的，但却不是最重要的。大多数男人在结婚后仍然会把大部分精力放在自己的事业上，他们渴望成功，渴望名利和地位，即使成了家，也不希望家事来影响自己。他们不愿意将过多的精力放在家事上，更不会为了家庭而放弃自己的理想。人们常说男人对婚姻有恐惧症，其实是他们害怕被婚姻束缚，害怕自己有了家庭之后就不能再做自己想做的事。

男人的这种习惯也是进化过程中养成的。原始时代男人作为狩猎者，他们的任务是外出获取生活资源，他们的重心不在家里，而是在外面。对于家里面的事，男人很少过问，当然也很少去做。所以，男人习惯在外面打拼，而不习惯在家里做家务，事实上他们也不擅长做这些事情。

家庭对男人来说是一种责任，他们希望通过自己事业上的努

力让家人生活得更好，以证明他们自身的价值和能力。所以，家庭生活中，女性比较擅长处理家务及亲友关系，而男性则更专注于工作。

婚姻会让男人安定下来

婚姻有一种神奇的作用，那就是让男人安定下来。男人在步入婚姻以后，就像是打了镇静剂，不再像以前一样毛躁，也不再像以前一样冲动，好像变了一个人。很多犯罪分子，在婚后竟然也变得平和了许多。婚姻真的有这么大魔力吗？很多人对此百思不得其解。

男人的这些不理智行为只会出现在没有得到女性伴侣之前，而不会出现在得到女性伴侣之后。男人之所以会出现极端和暴力行为，是因为他们要面对残酷的生存和繁衍竞争，他们所做的一切不过是为了让自己在竞争中取胜。显然，婚姻可以让男人拥有一个属于自己的伴侣，所以，婚姻就成了让男人安定下来的主要原因。在确定婚姻以后，男人接下来该做的就是将资源投到自己的后代身上，让其健康地成长，完成延续自己基因的重任。对于处在这种状况中的男人来说，安稳显然是最重要的。一方面，男人需要保证自己的身体健康，这样才能创造财富，为孩子的健康成长提供足够的资源；另一方面，男人也要保证现有资源的安全。所以，婚后的男人不会去做太过冒险的事，包括不会从事犯罪活动，也不会进行风险太大的投资。男人在婚后会变得畏首畏尾，就是因为他们有了顾虑，不再像婚前一样无所顾忌。

有一种情况例外，就是婚后一直没有子女的男人就不会像有了后代的男人一样渴望安定。尽管得到女性伴侣是男人的目的，但他们的另一重要目的是要繁衍自己的后代，将自己的基因延续下去。如果只是得到女性伴侣而无法遗传基因，那么他们的目的就还是没有达到。所以，婚后无子的男性也是很难安定下来的。

有人说孩子是夫妻之间感情的纽带，因为孩子有着父母两个人的基因，可以将父亲和母亲联系在一起。其实，真正的原因是孩子可以将父母二人的基因延续下去，使他们获得遗传上的利益。

所以，更准确地说，婚姻之所以能让男人安定下来，是因为婚姻能给男人带来孩子。当一个男人成为父亲以后，会很快变得成熟稳重起来，也更有责任感。

有人说，结婚后男人之所以安定下来和婚姻让男人丧失创造力有关。男人在结婚以后需要花费一定的时间和精力照顾妻子和孩子，不能像婚前那样将全部精力都用在创造上，因此创造力才会有所下降。这样的说法听起来似乎有些道理，但却是经不起推敲的。在古代社会，男人在婚后是不需要做家务的，照顾孩子也由妻子来做，所以说结婚并不会影响男人的创造力。

男人反感闹情绪的女人

晚上 10 点，丈夫拖着疲惫的身躯回到家，刚踏进家门，坐在沙发上的妻子便对他说：

"我有件事想和你谈谈。"

"现在？这么晚？"丈夫放下手中的公文包，一脸疑惑地说。

"就是现在！"妻子啪地关掉电视，提高嗓门强调说。

"发生什么事了吗？"看到妻子好像生气的样子，丈夫有些

奇怪地问道。

"最近你总是很晚回家。我知道你工作很忙。你总是忙，忙，忙！谁不忙呢？我也很忙。你忘了结婚时，你都说了些什么了吗？"妻子说完之后，望着丈夫，希望他能说些什么。

丈夫看了妻子一眼。但他没有说话，懒洋洋地坐在了沙发上，然后打开了电视。

"为什么不说话？"妻子追问说。

"对不起。"丈夫似乎漫不经心地说。

"'对不起'三个字就够了吗？我每天和你一样上班，下班后接儿子，做家务，做饭，打扫房子！每天总有忙不完的事情。可是，你说过一句安慰的话吗？"妻子非常激动地说。

"我知道你很辛苦。可是我也很累。你就不能让我好好休息一下吗？"丈夫冷冷地说。

"谁不想好好休息！你以为我喜欢这样的生活吗？这样的日子，我受够了！我需要你，你却总是像个机器人一样坐在那边。整天说不到几句话。我有那么让你讨厌吗？"妻子哭泣着说。

"你又来了。你就是不让我消停。我最烦你小题大做了。如果你再这样情绪化，我们就不要再讲了。"说完之后，丈夫就走进卧室，留下妻子一个人哭泣。妻子心里想："我怎么嫁给这样一个冷酷无情的人？"

人都是有情绪的，尤其是感情细腻敏感的女人。多少有一些情绪会让女人显得更加可爱，更容易受到男人的青睐，但如果女人太过情绪化，就会让男人烦恼。由于不同的社会角色和生存环境，女人的情感要比男人丰富、敏感得多，她们产生情绪的门槛更低，也更容易产生强烈的情绪。男人的大脑无法理解女人的情绪化，当女人闹情绪时，他们常常会变得异常焦虑、烦躁，因为他们不知道自己该做些什么。处在情绪化中的女人常常会做出一些过激的事情来，并夸张地、用富有情感的形容词来讲述自己的感受。她们这样做的目的是为了让男人关注自己，倾听自己，而不是真的要怎么样。对于自己这种做法的后果，她们可能根本就没有想过，因为情绪化的女人总是冲动的。当她们处在情绪化的状态时，大脑基本是停止思考的，或者说是停止理性思考的，所以她们常常做出一些莫名其妙的举动来。其实在事后清醒时，她们也会因此而感到后悔，但当时她们真的是无法控制自己的情绪。

女人这个时候只需要被关心和照顾，让她们感受到男人的爱与温暖，她们的情绪就会渐渐平静下来。可惜的是，男人并不懂得女人的真实用意，他们只是在按照自己的思维方式去理解女人的情绪化。他们觉得女人给他们出了一大堆问题，急需他们去解决，所以，他们不时地打断女人，为女人提供建议和帮助。可是男人的话往往让女人更加激动，不但女人的情绪没有任何好转的迹象，反倒还有恶化的趋势。男人很生气，因为女人根本就没有听自己说话，况且事情本没有那么严重，为什么女人那么喜欢小题大做呢？男人的脸色变得很难看，不满地对女人说："事情并没有那么严重，你反应过激了！"可是男人的话似乎对女人一点儿都不奏效，当男人不断向女人提供帮助但却始终不起作用时，男人就会变得焦虑，烦躁。

男人害怕失败犯错误，他们无法忍受自己解决问题的能力受到接二连三的否定。面对一个正在闹情绪的女人，男人就常常要经受这样的打击，这让他们十分苦闷。所以，男人憎恶闹情绪的女人，也不愿意接近情绪化的女人。大多数男人对自己解决问题的能力都是非常自信的，但他们却对付不了正处在情绪化中的女人，这不能不说是对男人自信心的一种打击。

也许女人的反应确实有些过激，但这也不能怪女人，毕竟女

人大脑的情感区比较发达，而且情感区和大脑其他功能区的连接也比较紧密，所以她们很难控制自己的情绪。

男人反感闹情绪的女人，而女人又很容易情绪化，这看似不可调和的矛盾其实也并非不可避免。女人应该明白，自己过激的情绪将会给男人造成一种挫败感，让他们的自信受到打击；男人也应该明白，女人的情绪化不过是在倾诉感受，自己完全没有必要为其提供解决方案，只要表示关心就可以了。如果男人对女人多一些体贴和关怀，如果女人对男人多一些理解和尊重，那么女人的情绪化就不会愈演愈烈，而男人也不必再为女人的情绪化而头疼了。

第十二章

教育心理：孩子成长与家庭的紧密联系

孩子喜欢经常往地上乱扔玩具

不知你是否留心过身边 1 岁左右的小孩子，他们经常往地上乱扔玩具，当父母把玩具捡起来后，没等他们转身，孩子又把玩具扔在地上，甚至扔得比捡得还要快。这么看似"无聊"的动作，小孩子却做得乐此不疲。孩子是扔得开心了，可折腾坏了大人，有的家长捡着捡着就没有了耐心，要么对孩子呵斥，要么把玩具收起来让孩子没有东西可以扔。可是，小孩子又岂是这么容易罢休的，他们用大哭大闹表达着自己的不满，最终屈服的还是大人。可能很多家长都会思考这个问题，孩子怎么就爱上了扔玩具呢？怎样才能改掉他们的"坏毛病"？

1 岁左右的孩子表现出这些恶作剧行为是很正常的，他们不停地乱扔玩具也是一种游戏方式。最初孩子并不知道玩具可以扔出去，因为他们的肌肉发育还不成熟，没有能力将玩具独立地放下，当自己需要去握住另一个东西时，玩具就会自己滑落，这样一次偶然的动作让他们渐渐掌握了"扔"的动作，并能从中获得乐趣。到后来，孩子们出于种种原因越来越喜欢扔玩具了。

对于这个年龄的孩子来说，自己的一个小小动作竟然能让手中的玩具跑得那么远，而且还能发出响声，无疑是一件新奇的事情，加上孩子对这个还很陌生的世界充满着好奇，所以，他们反反复复地扔玩具也是一种探索世界、认识世界的方式。很多儿童学家就发现，扔东西是宝宝成长过程中的必经阶段。

小孩子借着扔玩具的动作实际上是在向身边的人发出信号，"看，我能把玩具扔出去了，我长大了"。不过似乎他们一次又一次急切的宣言并没有引来大人的表扬，而是制止。

有时孩子不停地扔东西还是一种求助，当他们的需要没有及时地被爸爸妈妈体察到时，就会通过扔玩具来吸引他们的注意，直至自己的需要得到满足。

所以，孩子乱扔玩具是有原因的，他们无意识地乱扔是由于太小、肌肉发育不成熟导致的；当他们的无意行为发展成有意而为之时，就代表着孩子们慢慢在与周围的世界进行交流了，可能是他们开始发展自己的兴趣了，可能是一种宣言，也可能是一种求助的信号。既然对于1岁左右的孩子来说，扔玩具是有依有据的，家长们就应该努力地去配合孩子的这种行为了。

为了使孩子在扔玩具的过程中免受伤害，家长最好提供一些毛绒玩具，这样也能减少家长的担心。另外，由于孩子对爱惜物品、区分易碎物品、贵重物品等没有意识，对于他们来说，扔一部手机跟扔一本书的意义是一样的，所以，为了减少不必要的损失，家长在选择玩具时要尽量挑那些可以让孩子尽情地扔又不至于让自己心疼的东西。

家长在必要时可以陪孩子一起扔。扔东西也是小孩子的一种游戏。当孩子扔东西时，家长可以把不停地捡东西当作是与孩子的配合，和孩子一样将东西扔出去，然后鼓励孩子自己去拿，这样不仅能培养孩子的手眼协调能力，还能在游戏中使亲子关系变得更加和谐。

很多家长厌烦孩子扔东西的原因并不是担心由此带来的物质损失，而是受不了乱糟糟的环境，所以，只要看见有东西被扔出去了，就赶忙物归原处。家长们认为自己做得已经够好了，既没有制止孩子扔东西的行为，又不至于弄得一团乱，可这样做的结果却让孩子很不开心，有时候孩子可能还会大发脾气。

其中的原因不难理解，孩子好不容易把东西扔出去了，还没来得及欣赏自己的劳动成果就被大人整理好了，于是，他们就不高兴了。所以，当孩子沉浸在扔玩具的游戏中时，家长不要立即

将玩具收拾好，最好的办法就是等到孩子玩得尽兴之后，带着孩子一起收拾，让孩子体验到游戏的快乐。

孩子喜欢告状的原因

最近，夏夏妈妈可是烦坏了，按理说上了一天班没看见孩子肯定特别想和孩子亲近，但夏夏妈妈有时却极其矛盾，一方面的确是想孩子，另一方面却又受不了夏夏千奇百怪的告状。按照夏夏妈妈的说法，从晚上回到家到夏夏睡觉，几小时的时间内她听到的全是"投诉"，"妈妈，今天小明把我的橡皮用坏了""妈妈，吃饭时新新没有等我就自己先走了""妈妈，文文睡午觉时没有脱鞋子，她不是一个好孩子""妈妈，爷爷今天抱疼我了"……刚开始夏夏妈妈还能耐心地听夏夏讲完，而且还能积极地配合夏夏，慢慢地，妈妈觉得夏夏太尖酸了，简直就是没事找事。关注告状吧，妈妈又担心会助长孩子的这种习惯，变得只会推卸责任，刻薄；不关注吧，又担心孩子在学校真的受了委屈。为此，夏夏妈妈很是纳闷："孩子喜欢什么不好，为什么偏偏就爱告状呢？"

其实，孩子"爱告状"是一种非常普遍的现象，尤其是在幼儿园或小学低年级中，过了这个时期，大部分的孩子就不会热衷于告状了。

孩子并非天生就会告状，既然爱告状是一个时期内特有的现象，那么就一定有其存在的原因。

孩子爱告状的行为与他们的认知水平不无关系。我们都知道，幼儿期至童年早期的孩子认知水平很低，在看问题时常常显得比较表面、直接，面对困难时也比较茫然，不知道该如何去处理。所以，当他们发现别人身上存在问题或自己碰到问题时，很容易想到向成人打小报告。由此看来，小孩子的告状其实目的不在告状本身，而是在寻求解决问题的方法。

每个孩子都喜欢听别人表扬的话，这种"爱慕虚荣"也是培养他们自信心的必要手段。小孩子打的小报告往往是报告他人的错误，如果把这些告诉老师或者家长，就代表着自己没有犯错，当然就会受到表扬了。大人的这种反馈又反过来强化了孩子们的告状行为，从而使孩子们的告状行为"愈演愈烈"。

这些动机之下的告状都是十分正常的，家长和老师只需要稍加引导就能帮助孩子顺利度过这一时期，但有些告状却需要引起人们的足够重视，它们隐藏着很多隐患，处理不好，可能会影响孩子一生的发展。

小孩子的心理既简单又复杂，说它复杂是因为他们有各种各样的心理活动，有自己独特的想法和观点，说它简单是因为无论这些心理多么纷繁，相比成人来说，他们更加直接、明显，不会拐弯抹角。所以，当孩子们在告状时心计太重则需要警惕了，这不利于他们的成长。比如，有的小孩告状并不是实事求是的，而是借助于告状报复自己不喜欢的人，当对方受到批评或惩罚时，自己就感到无比地高兴。很显然，这种告状不是孩子该有的。

无论如何，家长和老师要重视孩子的告状行为，用宽容的态度去对待，认真倾听，尊重孩子的表达，然后理性地去对待孩子提到的事情，弄清事实的真相再做决定。绝不可对孩子的告状置之不理，也不可尽信。

孩子出现恋物成癖的原因

生活中，人们对下面的场景一定十分熟悉：小男孩拿着玩具手枪在屋子里跑来跑去，小女孩则抱着自己的洋娃娃安静地坐在沙发上，一边帮娃娃整理着衣服，一边跟它说着话。如果有一天小女孩不爱洋娃娃反而喜欢男孩子的游戏了，估计大人们反倒会觉得奇怪。

小女孩对洋娃娃之类的玩具情有独钟与人们一直以来根深蒂固的观念有关，受性别刻板印象的影响，人们认为男孩子就应该勇敢、坚强、敢于冒险，所以从小就应该培养他们的男子汉气概，引导和鼓励他们的游戏活动也比较具有挑战性。而对女孩来说，虽然现在人们颠覆了那种"女子无才便是德"的观点，但还是认为女孩子要贤惠、温柔、能顾家，而玩娃娃在一定程度上就是在扮演着照顾者的角色。大人们的这些观念对孩子会有潜移默化的影响，久而久之，不爱洋娃娃的小女孩也变得喜欢抱着它们了。

这样看来，小女孩喜欢抱洋娃娃是再正常不过的行为了，但如果她们过分专注于洋娃娃，家长则需要警惕了。如果孩子几乎每时每刻都需要有洋娃娃的陪伴，吃饭时要抱着，睡觉时要抱着，出门时要抱着，甚至洗澡都要和娃娃一起洗，当家长从她们怀里把娃娃夺过去后她们会极度伤心、愤怒、闹个不停，这时，孩子对洋娃娃的喜欢就已经有些危险了，她们可能有了恋物癖的倾向。

儿童的恋物癖是指当他们离开了某一件陪伴自己的东西时表现出异常忐忑不安的行为，这常常是安全感匮乏的一种表现。儿童时期的恋物癖倾向会影响孩子的性格发展，这样的孩子更容易出现人格上的障碍。从表现形式上看，患有恋物癖的孩子类似患有孤独症，他们所依赖的只有自己喜欢的这件东西，比如女孩子的洋娃娃。在与别人的交往中，她们显得退缩，被动，冷漠。引起这种现象的原因大多为缺乏家庭的关爱，比如，以前对小孩子的教育更强调的是家庭教育，由爷爷奶奶、爸爸妈妈等人进行言传身教，这就增加了家人之间的互动，亲子关系也比较自由和融洽。而现在，人们对学校教育越来越重视，亲子互动的机会就被大量的幼儿园教育所替代了，加上现在由爸爸、妈妈和孩子组成的核心家庭越来越普遍，教育孩子的任务很多都是由全职的保姆代劳的，亲子之间的情感交流就更有限了。小孩子在最需要呵护时得不到亲人情感上的支持，很容易变得脆弱，恐慌，于是就借助于洋娃娃之类的东西来消除自己内心的不安全感。时间一长，她们对洋娃娃的喜欢就转化成了一种不正常的依赖。

如果发现孩子有恋"娃娃"成癖的迹象，家长就得及时采取行动，消除他们的这种倾向了。

既然引起孩子出现恋物成癖的原因是没有安全感，缺乏爱，那么对这样的孩子来说，最主要的就是要给予他们关心了，让孩子感受到自己是受家人疼爱的，是安全的。在平时的生活中，家长要多拥抱孩子，把对孩子的爱用一些动作表现出来，比如，可以摸摸他们的头，亲亲他们的脸蛋等。尤其是在当孩子遇到令自己害怕的情境时，家长更应该陪在孩子身边，用行动告诉他们自己是爱他们的，比如，在闪电打雷的天气里家长最好陪着孩子一起入睡。在孩子面临挑战时，多给他们支持和鼓励，让他们感受到自己并不是一个人。

在孩子入睡前，家长抽出一定的时间陪孩子，可以给她们讲讲故事或者唱唱催眠曲，等孩子入睡后再离开，这样就能分散孩子对洋娃娃的依赖。毕竟她们爱上的并不是洋娃娃本身，而是洋

娃娃带给她们的那种安全感，而如果这种安全感家长能够给予，孩子们自然就不会非要洋娃娃陪着不可了。

此外，家长在为孩子挑选玩具时，为了避免孩子过度专注于某一件东西，可以扩大玩具的种类。当然这种做法只能治标不治本，关键还是要让孩子能够从家长的关爱中获得安全感。

总之，小女孩喜欢抱洋娃娃是一种正常的现象，家长们也无须恐慌，只要在养育孩子的过程中多与孩子进行情感上的互动，让她们体验到家人的爱，感到自己是安全的，小女孩就不会出现恋物成癖的行为了。

孩子说谎与家长有紧密的联系

依依今年两岁半，这个年龄应该是最纯真的时期了，可妈妈最近却发现依依会撒谎，而且还乐在其中。依依一直都想要一个粉红色的洋娃娃，可是妈妈因为她已经有很多玩具了就一直没有买给她。最开始依依还经常跟妈妈嚷嚷，到后来就似乎淡忘了。这让妈妈很开心，以为依依长大懂事了。后来有一天，妈妈带着依依到院子里玩耍，看见一个小女孩抱着一个粉色的洋娃娃，妈妈还担心着这会不会又勾起依依的欲望，可是，没想到的是依依看到那女孩却很开心地说："我妈妈也给我买了一个粉色的娃娃，而且比你的漂亮，我可喜欢了。"说完就牵着妈妈到一边玩去了。事后妈妈问依依为什么要撒谎，依依却说："妈妈，你忘了吗，你不是给我买过一个粉色的洋娃娃吗？"

两岁半的依依为什么会说妈妈忘记给她买过洋娃娃了？下面我们再来看看 6 岁的芳芳又是怎么解释自己晚归的原因的。芳芳快 6 岁了，平时上幼儿园都是自己回家，因为住的离幼儿园很近，家人也一直都很放心。不过，最近芳芳回家的时间比往常要晚很多，每当家人问起时，她都说放学后和小朋友一块玩了会儿，还说出了几个好朋友的名字。一天爷爷从外面回来正好碰到了芳芳的伙伴，就问她们平时晚上都去哪儿玩了，结果没有一个孩子说她们跟芳芳放学后在一起过。这让爷爷很吃惊，决定找一个时间跟着芳芳。第二天放学时，爷爷远远地跟在芳芳的身后，这才把事情搞明白。原来，芳芳每天都要去另外一个社区里给那里被人遗弃的一只小狗喂食。回到家后，爷爷问芳芳为什么不说实话，芳芳说她知道家里人都不准她养狗，说狗狗脏，但是她又不忍心看着小狗饿死，所以就只有骗人了。

从例子中也可以看出，不同阶段的孩子撒谎的原因和目的是不同的，对于依依来说，可能她意识中真的觉得妈妈已经给自己买过了，所以在大人眼中的撒谎行为并不是说谎；而对芳芳来说，这种谎言本质上是善意的。由此看来，虽然诚信很可贵，但并不是所有的说谎行为都是坏事，所以，家长在教育孩子的过程中分清孩子说谎的原因是极其必要的。

一般来说，说谎行为可以分为有意说谎和无意说谎，而3岁之前的孩子的谎言更可能是无意的。有专家认为幼儿一般要到3~4岁才能逐渐将现实和幻想区别开来，所以，当孩子出现说谎行为时，他们可能根本没有意识到这一点，而是将自己幻想中的事情和现实中存在的事情混为一谈了。

我们都知道，孩子具有丰富的想象力，有时他们的想法真可谓是异想天开，而且受一些童话故事的影响，他们的世界中经常会出现虚构的人物和事情，比如，有的孩子会告诉别人在圣诞节时真的见过白胡子的圣诞老人。此外，这个时期孩子的记忆能力是不成熟的，常常会因为记错了而被认为是在有意说谎，比如，爸爸明明是上个月带自己去迪士尼乐园的，可孩子却非得告诉别

第十二章 教育心理：孩子成长与家庭的紧密联系

人自己上周刚去过。

所以，当家长发现这么小的孩子开始出现说谎行为时，不要被表面现象冲昏了头脑，责怪孩子不该这么小就这么虚伪，对孩子严厉地惩罚，唯恐若不将这种苗头扼杀在摇篮里，怕等到孩子长大后带来隐患。其实，大人们没有必要恐慌，放低自己的心态，平和地和孩子谈谈，问问他们为什么会说谎，也许背后的原因不仅不会令你生气，而且还能看见孩子身上的许多闪光点。

随着孩子慢慢长大，他们说谎行为中有了越来越多的有意说谎。并不是所有的说谎都是恶意的，而且大多数孩子的谎言都与家长有着紧密的联系。

但另一种有意说谎就比较危险了，他们往往为了达到自己的某种目的"大言不惭"，为了买玩具骗家人说学校要收资料费，为了逃课故意装病，为了报复同学向老师打假报告……如果这样的说谎行为没有被家长及时发现并加以引导，后果将不堪设想。

孩子出现问题与家长有直接关系

当教育孩子出现问题时，为了推卸责任，很多家长将教育的失败归咎于遗传。孩子性格怪僻，脾气暴躁，夫妻双方就会互相责怪，说是遗传了对方的性格，甚至还会牵扯出家里的祖祖辈辈；孩子成绩不好，也是由于遗传，家里就没有好好学习的基因；孩子不孝顺长辈，还是遗传……总之，所有的不好都是遗传导致的。但从古至今的很多例子都立场鲜明地指出了环境对孩子的影响是不能小觑的，孟母三迁就是一个典型的例子。

教育家蒙台梭利也指出，孩子一出生就能积极地从周围的环境中学习，爸爸妈妈的关爱让他们获得了信赖，与陌生人的交往中让他们感受到害羞，等等。生活中，人们也越来越认识到环境的重要性，很多家长将孩子送到好的学校学习，也多半是看重了好学校的环境。

丛丛的爸爸妈妈因为感情不和经常吵架，但他们从来不提离婚，两个人在这一点上倒还很有默契，都觉得丛丛太小，无法承受大人离婚带来的打击，所以，就算是苦了自己也不能委屈了孩子。虽然爸爸妈妈从来没有当着丛丛的面大吵过，但孩子还是能明显地感受到他们之间浓浓的火药味。一日，丛丛无意听到了爸爸妈妈又在吵架，原来老师打电话反映丛丛最近上课老不听讲，作业也不按时完成，还经常跟同学发生矛盾。爸爸就一个劲地怪妈妈，说都是遗传了妈妈的坏毛病，妈妈则骂是爸爸遗传的，丛丛再也听不下去了，冲着房间大声说道："你们别吵了，既然你们都认为是对方的基因不好，当初为什么要生我啊。你们真是可笑，竟然以为这样就对我有好处，看见你们天天仇人一样生活在一间屋子里，倒不如离婚呢！我宁愿别的同学笑话我没有爸爸或者妈妈，也不愿意生活在一个冰冷的家里面。"

很显然，丛丛在学校的异常表现与在家里感受不到爱有很大的关系。不良的家庭环境对父母来说可能只是一时的不顺，但对孩子来说，可能影响他们一生的发展。

在给孩子创造好的环境方面，家长们以为物质上的满足就够了，但其实，孩子更需要的是心灵上的慰藉和关爱。很多家庭贫穷的孩子由于从小得到来自家庭正确的教育和关爱，最终也取得了丰功伟绩，这样的例子数不胜数。

但要明白的是，物质条件的优越与否并不能决定孩子最终发展的水平，它只是一个外部条件，只要付出努力，没有条件享受物质幸福的孩子一样可以取得好的成绩，实现自己的梦想。

什么样的水，养什么样的鱼，孩子的成长也是如此，遗传只

能决定鱼是鱼，不是别的生物，而只有水才能决定它们最终会长多大。

溺爱引起的心理上的肥胖

溺爱，简单地说，就是过多的爱，它的后果同溺水类似，水太多了就会危及人的生命，爱太多了也同样会引起难以想象的后果。

溺爱综合征，是指在孩子成长的过程中给予孩子的爱太多而引起的一系列问题。用心理肥胖来形容孩子的这种状态再贴切不过了。对于孩子来说，家人无微不至的关爱就像是精神营养，输送营养对孩子的成长当然是好事了，可是一旦营养过剩就会出现肥胖，从而导致很多问题。

心理肥胖引起的溺爱综合征主要体现在以下方面：

性格孤僻。也许很多家长对这一点很难理解，一般孩子只有在独自一人时间长了后才会出现性格孤僻的现象，而对于现在的独生子女来说，家里时时刻刻都有人陪着他，有爷爷奶奶陪，还有爸爸妈妈陪，平时说不定还有几个保姆轮班看着，这样的阵容下出现性格孤僻的确是有些让人难以置信。这种状况下，孩子的孤独来自缺少和自己年龄相仿的玩伴，他们只有自己玩玩具，搭积木，看电视，这些远远不能满足他们的需要。很显然，无论在生活中他们对小孩有多细心，小孩也同样很难体会到快乐，因为他们缺乏心灵上真正的沟通。由于小孩子的很多观点与大人们不同，表达自己的方式也有差异，与这些没有共同语言的大人在一起时间久了，就容易感到内心孤单。

内心脆弱，经不起挫折。在家长眼中，孩子永远是孩子，所以，只要自己有能力就会尽可能地去保护孩子，不让他们受一丁点的伤害。出于保护孩子的目的而出现的行为，却有可能成为阻碍孩子发展的绊脚石，由于这些孩子从小到大都没有碰到一点挫折，所有的不顺都被家长坚实的身躯挡住了，长大后，一点小小的挫折就可能在他们心里激起巨大波浪。不经历风雨，怎能见彩虹呢？

自私，不尊重人。孩子在家就是霸王，用唯己独尊来形容一点都不为过。这种纵容的氛围很容易滋生孩子的自私心理，而且，在家庭教育中家长的过分敏感也使得孩子根本没有机会去学习尊重别人、体谅别人。记得一位老师在上课时曾经讲过她对自己教育孩子的反思，她说现在的家长包括她自己，对孩子的一些需要过分敏感，表面上看这是亲子关系和谐的一种反应，实际上它断送了很多孩子成长的机会，比如，孩子在看电视时望了妈妈一眼，还没等孩子开口，妈妈就将水递过去了。这种默契在很多人看来是值得称赞的，但仔细想想就会发现其中存在的问题，小孩子会认为，自己无论有什么需要，妈妈都应该有这样的反应。等到孩子长大后，自然就会变得自私，目中无人。

自理能力差。溺爱孩子会造成孩子的自理能力差，这一点是毋庸置疑的。由于小时候什么事情都是家长包办的，长大后可能连很简单的事情都无法自己完成。由此看来，教育孩子绝不是一件简单的事情，而是一种艺术。

人的智商高低取决父母的关爱

以前住的楼下是一片很开阔的空地，旁边有一间小房子，是院子里的后勤工人做饭的地方，所以一到吃饭时间就很热闹。自

己有事没事时就爱站在窗前看下面的风景，自然的、人文的，最让自己感动的还是其中一家三口的生活场景。父亲是一位维修院子里用水、供暖等设备的员工，母亲是楼道的清洁工，他们有一个刚刚2岁的孩子。每天母亲打扫完楼道后就会带着孩子在空地上走，或者让孩子坐在小板凳上讲故事给他听，偶尔也会和孩子玩玩游戏、吹泡泡、打玩具水枪等，在整个过程中看得出孩子很听话，也很安静。等父亲下班之后，母亲就去做饭了，孩子就跟父亲一起玩。他最享受的就是爸爸把自己抱起往天上抛的游戏，每次都笑得合不拢嘴。父亲还会跟他玩赛跑的游戏，即使有时候摔倒了，孩子也能自己很快地爬起来接着玩。虽然孩子的家里经济条件并不宽裕，没有精美的玩具，也没有昂贵的衣服，但看得出来他很开心，因为他拥有着世界上最伟大的两种爱：父爱和母爱。

一直以来，人们都觉得母爱对孩子的成长是最重要的。这也被科学所证明了。如果一个孩子在生命最初的几年里缺少母爱，他们的生理、心理等方面就会受到影响。而如果孩子和母亲之间建立了安全的依恋关系，孩子就会获得成长的动力，自然就会在发展的过程中走得更高，更远，更健康。

但是，孩子的成长过程中仅仅有母爱是不完整的。都说父爱如山，足见父爱对孩子的影响深远，即使是刚出生的宝宝也对父爱有很强的渴望。他们对父亲说话的声音、一举一动都十分留意，甚至还会去模仿父亲的动作。久而久之，父亲的坚强、勇敢、冒险等性格特点都会影响到孩子的行为习惯，从而影响孩子的智商发展。

试想一下，如果孩子只有母爱，或者只有父爱，那他们的生活又将如何？对于只有母爱的孩子来说，他们可能生活得很安逸，因为细心的母亲会给他们无微不至的关爱，这种爱足以让他们的身体健康成长。但这样的发展并不是健全的，与同时拥有父爱和母爱的孩子来说，他们更容易被挫折打败，在生活中不愿意冒险，独立意识薄弱，依赖性强。对于只有父爱的孩子来说，父亲的坚韧、负责、勇敢、冒险等男子汉的气质会让他们变得更加坚强和独立，但同时也缺乏母爱所带来的很多优良品质。

人的智商高低一部分取决于遗传，一部分取决于环境，而最终决定智商发展水平高低的还是环境因素。作为对孩子影响最早、最大的父亲和母亲，他们的关爱毫无疑问是环境因素中最重要的部分，两种关爱在孩子的健康成长中起着不同的作用，就像是孩子的左右脑，缺少任何一边都会影响其最终的发展。

天才和傻瓜都有超乎常人的能力

"傻瓜"与"天才"常常被认为是两种极端的人。对于傻瓜的界定，有比较统一的观点，即认为傻瓜就是指那些糊涂而不明事理的人；对于天才，则存在较大的分歧。特曼认为，天才指的是在智力测验中成绩突出的人，也就是说，天才就是智力水平高的人。高尔顿则认为，天才是具有杰出实际成就、有高度创造性的人。

每个家长都想自己的孩子成为天才，如果自己有一个被别人叫作傻瓜的孩子，多少也会表现得有些无奈。但事实上，有时候天才和傻瓜只有一步之隔。

天才和傻瓜都有着超乎常人的能力，他们的很多想法和行为都不被常人理解。天才和傻瓜之间的不同之处在于，天才会认真地思考事情的能动性、可能性以及结果，更重要的是会付诸行动，而傻瓜只会任凭自己在想象的空间里驰骋，而不会做任何努

力。生活中，人们常常只看见了天才所取得的惊人成就，并不了解天才与傻瓜的相似性，所以，即使是天才，在他们没有成功之前都会被认为是傻瓜。这也是为什么有的傻瓜倒成了天才的一个原因。

当然，并不是所有的傻瓜都能变成天才，因为天才身上有着独特的特点。2010 年，美国一个公司对世界上最聪明的 1000 个天才进行了总结，被调查的人囊括了科学、技术、文学、艺术等很多领域的顶级天才，最后发现，天才基本上都具有下面几个特征：

孤独感强烈。由于天才的思维常常不被常人理解，他们很少与普通人有思想和情感上的共鸣，感到孤独也是情理之中的事情了。中国有句古话"苦心孤诣"，对于天才来说，他们就更容易因为"孤诣"而感到孤独了。所谓"高处不胜寒"，越有成就的人就越可能形单影只。

童年孤僻。天才所具有的超能力几乎都是与生俱来的，这让他们在童年时期表现得比普通孩子要好得多，超群的能力和表现让这些孩子要么自视清高、看不起别人，要么被人孤立、排挤，久而久之，就形成了怪僻的性格。

内心偏执。天才们除了超群的能力，还有超常的自信。一方面，自信让他们能在别人异常的眼光和态度中坚持自己的思想，最终取得成功；另一方面，过度的自信也让他们内心十分偏执。

虽然，天才多为遗传，但如果没有自由、宽松的生长环境，天才也会沦为傻瓜。很多家长在孩子小时对孩子过分压制，认为只有孩子循规蹈矩才是正途，对孩子的一些奇思妙想置之不理，甚至极力压制，最终，不仅扼杀了孩子的创意，还可能由此引起种种心理问题。

表扬能提高孩子的自信心

20世纪90年代，哥伦比亚大学的研究者曾经进行过一项大规模的研究，实验选取了400多名不同社会经济背景的孩子。首先让孩子们做一个智力测试，然后将孩子分成不同的组进行有差别的反馈。他们表扬第一组的孩子非常聪明，在测试中表现很好；表扬第二组的孩子在自己的努力下取得了很好的成绩，而对另外一组的孩子则保持沉默。

在实验的第二阶段中，研究者给被试者两种可供选择的任务，一项任务难度很大，几乎不太可能成功完成，但在任务进行的过程中可以学到很多东西；另一项任务难度较小，很容易取得成功。

按照常理，表扬能提高孩子的自信心，能为他们注入前进的动力。所以，研究者预期在任务的选择上，前两组受到表扬的孩子比没有受到表扬的第三组孩子会更多地选择难度大的任务。然而，实验结果大大超出了研究者的意料。更多第一组的孩子选择了难度较小的任务，较少的第三组的孩子选择了容易的任务，第二组的孩子选择高难度任务的人数最多。

实验结果证明，受表扬的第二组与没有受到表扬的第三组在选择上的差异与人们的推断一致，表扬提高了孩子的信心，更愿意去挑战难度高的任务。但是，同样是受到了表扬，第一组的孩子却比第三组的孩子更不愿意去接受挑战，这就有点匪夷所思了。

其实，正是出人意料的结果揭示出了教育孩子时一个很重要的道理：要表扬孩子的努力而非孩子的能力。让我们先来看看两种不同的表扬方式对孩子心理产生的影响：

表扬孩子的努力，这种方式将孩子取得的成绩与他们可以控制的因素结合在一起，更容易调动孩子的信心和动力。不管孩子行为的结果是好还是坏，对其努力的表扬都会鼓励他们继续发奋。不过，这种方式的表扬带来的结果也不全是积极的。

群群是一名初中生，学习成绩很好，爸爸妈妈都引以为傲。但是，群群却很自卑，总觉得自己比别人笨，下课也不愿意和别的同学一起玩，学校的各种活动也不参与。在一次作文比赛中，群群将自己多年来压抑的情感表达了出来。群群的作文题目为"假如我是一个聪明的人"，在作文中她写道："从小到大，虽然我的成绩一直很优异，但又能说明什么呢？我终究还是一个笨蛋，就连老师都这么说。他总是告诉别的孩子他们很聪明，只要稍微努力一下就能取得好的成绩。但是，老师从来都不会说我聪明，就算我每次都考年级第一，老师还是会在班上说：'大家要向群群学习，相信如果你们有她一半的努力就能考出好的成绩了。难道像我这样的人真的就只能靠勤奋才有好的成绩吗？我多羡慕那些可以天天不用用功的孩子啊，虽然他们的成绩没有我好，但他们过得很开心，他们可以去打球、唱歌、跳舞、参加比赛，他们有时间去交朋友，他们可以做自己想做的事情，而我却只能坐在教室里和那些数学题做伴。可是我知道，笨蛋是不可以这样的，如果不付出比别人多的努力，就永远不会有成功……假如我也是一个聪明的人那该多好啊！"

群群并不是不聪明，只是老师希望大家向她学习，所以才会那样表扬她，但是，对努力而不是能力的表扬却让群群产生了严重的自卑。

留白，教学中的一种艺术

心理学上有一个空白效应，说的是人在感知事物时如果感知对象不完整，便会自然地运用联想，在头脑中对不完整的感知对象进行补充，并且人们在进行这种联想和补充的过程中会产生更强烈的心理效应，印象变得更为深刻。

"空白"原是艺术创作与欣赏中的一个概念，指的是创作者并不将心中的蕴意在作品中完全地呈现出来，而是留有一定的余地，令欣赏者自由地发挥自己的联想和想象，这会比全盘托出取得更佳的艺术效果。这在书法上叫飞白，在国画上叫留白。飞白也好，留白也罢，说白了就是要恰如其分地给人留下无限的遐想空间，达到"水到渠成"的效果。

留白之所以具有这样的效应，奥妙就在于留白在人们的感知中起到了一种变被动为主动的效果。对于感知者而言，如果感知对象将全部的信息都无所保留地表达了出来，那么感知者所需做的就是被动地接受感知对象所提供的信息；如果感知对象的表现是留有余地的，则感知者就会对这种空白进行自主补充，在这一主动的联想过程中，感知者会调动起更加积极的情绪，给予更高程度的精神投入，从而也就加深了印象，取得了更好的知觉效果。

说书人常常在情节发展的紧要之处中断，留下一句"欲知后事如何，且听下回分解"，这就是对空白效应的运用，令听众带着一种强烈的好奇心对故事的发展进行种种猜测。在艺术创作中常说的"此时无声胜有声""言有尽而意无穷"等，体现的也都是空白效应在艺术表现之中的运用。

空白效应在课堂教学中有着极为重要的应用。在课堂教学过

程中，如果教师包办太多，或者是"满堂灌"，留给学生自由思考和自由发展的空间过于狭窄，不仅会增加学生的负担，更会令学生感到单调和厌倦，从而对学习效果产生很大的负面影响。相反，如果教师在提出某一问题后不直接给出解答，而是让学生独立思考，也就是制造这样一个空白阶段，则能很好地调动起学生的积极性，锻炼学生分析问题、解决问题的能力。

换句话说就是，在课堂教学中，结合教学实践，教师如果能全方位、系统、科学地设计教学空白，从教学内容、教学时间、教学空间出发，多层次、多角度地给学生留出空白，课堂将成为学生思维的"发源地"，也很容易收到好的教学效果。

有一些教师在批评学生时将话说得很不留余地，其实这样恰恰容易引起学生的逆反心理，不利于其改正错误。可是，如果教师在进行批评时留有空白，只需让学生意识到自己所犯的错误，而无须作过多的斥责和教导，学生会自然地产生愧疚，并因此而改进。

总之，空白效应在教学中有百利而无一害。在讲解时留白，给学生思考分析的机会，让学生独立地思考、判断和面对，学生的分析能力就会逐渐提高。在实践方面留白，给学生一个锻炼的机会，提高学生的动手能力。在批评方面留白，让学生有自责和自我教育的时间。这样学生就不会有一种被"穷追不舍"之感，反抗心理就会锐减。

当然，空白效应的运用也要讲究度的问题，并且需要依据不同的具体情况给予灵活的应对。

第十三章

常见的心理问题及应对措施

嫉妒心理：心灵上的恶性肿瘤

嫉妒是痛苦的制造者，在各种心理问题中对人的伤害最严重，可称得上是心灵上的恶性肿瘤。弗朗西斯·培根说过："犹如毁掉麦子一样，嫉妒这恶魔总是暗地里，悄悄地毁掉人间美好的东西！"

何谓嫉妒呢？心理学家认为，嫉妒是由于别人胜过自己而引起的一种情绪的负性体验，是心胸狭窄的共同心理。嫉妒不是天生的，而是后天获得的，嫉妒有三个心理活动阶段：嫉羡—嫉优—嫉恨。这三个阶段都有嫉妒的成分，而且是从少到多，嫉羡中羡慕为主，嫉妒为辅。嫉优中嫉妒的成分增多，已经到了怕别人威胁自己的地步了。嫉恨则把嫉妒之火已熊熊燃烧到了难以消除的地步。这把嫉恨之火，没有燃向别人，而是炙烤着自己的心，使自己没有片刻宁静，于是便绞尽脑汁想方设法去诋毁别人。嫉妒实质上是用别人的成绩进行自我折磨，别人并不因此有何逊色，自己却因此痛苦不堪，有的甚至采用极端行为走向犯罪深渊。

一般说来，嫉妒心理有以下几个基本特点：

嫉妒的产生是基于相对主体的差别

这个相对主体即嫉妒主体指向的对象，既可以是具体人，也可以是人和某一现象，亦可以是某一集体或群体，例如单位与单位、家庭与家庭之间的嫉妒。那种相对主体的差别既可以是现实的客观差距，比如财富和相貌的差距；也可以是非物质性的差距，比如才能、地位的差别；亦可以是不真实的幻想出来的差距，例如总感觉室友之间特别亲热；还可以是对将来可能会遇到的威胁和伤害的假设，例如上级对于下级才能的妒忌。

嫉妒具有明显的对抗性，由此可能引发巨大的消极性

嫉妒心理是一种憎恨心理，具有明显的与人对抗的特征。嫉妒心理的对抗性来源于比较过程中的不满和愤怒情绪。而且，这种对抗性常常带来对社会的巨大危害性。1991年原北京大学物理系高才生卢刚在美国大学枪杀四名导师和一名同学后自杀身亡，其原因即在于此。

嫉妒心理具有普遍性

嫉妒是一种完全自然产生的情感，古今中外，没有哪个社会和国家的居民完全没有嫉妒心。在社会现实生活中，一旦看到别人比自己幸运，心里就"别有一番滋味"。这"滋味"是什么呢？就是嫉妒心理的情绪体验。我们每个人都会这种经历。

嫉妒心理具有不断发展的发泄性，且无法轻易摆脱

发泄性是指嫉妒者向被嫉妒者发泄内心的抱怨、憎恨。一般来说，除了轻微的嫉妒仅表现为内心的怨恨而不付诸行为外，绝大多数的嫉妒心理都伴随着发泄行为，并且这种发泄的欲望具有无法轻易摆脱的顽固性。培根曾经幽默地引用古人的话说："嫉妒心是不知休息的。"嫉妒是与私心相伴而生，相伴而亡的，只要私心存在一天，嫉妒心理也就要存在一天。

此外，嫉妒心理另外几点值得注意之处是：嫉妒是从比较中产生的，必涉及第三者的态度；地位相等、年龄相仿、程度相同的人之间最可能发生嫉妒；是否出现嫉妒心理还与思想品质、道德情操修养有关，等等。

虽然嫉妒是人普遍存在的也可以说是天生的缺点，但我们绝

不能忽视它的危害性。有关嫉妒的危害，我国的传统医学早就有过论述。《黄帝内经·素问》明确指出："妒火中烧，可令人神不守舍，精力耗损，神气涣失，肾气闭塞，淤滞凝结，外邪入侵，精血不足，肾衰阳失，疾病滋生。"心理学家弗洛伊德曾经说过："一切不利影响中，最能使人短命夭亡的，是不好的情绪和恶劣的心境，如忧虑和嫉妒。"嫉妒心理可以危害人们的身心健康。美国有些专家通过调查研究发现，嫉妒程度低的人在25年中仅有2%~3%的人患有心脏病，死亡率只占2.2%。而嫉妒心强的人，同一时期内竟有9%以上的人患有心脏病，死亡率也高达13.4%。由于嫉妒情绪能使人体大脑皮质及下丘脑垂体促肾上腺皮质激素分泌增加，造成大脑功能紊乱，免疫机能失调，从而使自身免疫性疾病以及心血管、周期性偏头痛的发病率增加。医学家们还观察到，嫉妒心强的人常会出现一些诸如食欲不振、胃痛恶心、头痛背痛、心悸郁闷、神经性呕吐、过敏性结肠炎、痛经、早衰等现象。

嫉妒破坏友谊、损害团结，给他人带来损失和痛苦，既贻害自己的心灵，又殃及自己的身体健康。因此，必须坚决、彻底地与嫉妒心理告别。

上面的情况在我们的身边不止一次地发生，然而我们却常常只当故事来听、来看。其实，嫉妒的杀伤力远远超过我们的想象，每当心中怀着一股嫉妒之火时，伤害最大的就是自己。

偏执心理：极度的感觉过敏

偏执，生活中并不少见。所谓偏执，是指人的意见、主张等过火。多存在于青少年中。性格和情绪上的偏激，是为人处世的一个不可小觑的缺陷，是一种心理疾病。偏执的人往往是极度的感觉过敏，对侮辱和伤害耿耿于怀；思想行为固执死板、敏感多疑、心胸狭隘；爱嫉妒，对别人获得成就或荣誉感到紧张不安，妒火中烧，不是寻衅争吵，就是在背后说风凉话，或公开抱怨和指责别人；自以为是，自命不凡，对自己的能力估计过高，惯于把失败和责任归咎于他人，在工作和学习上往往言过其实；同时又很自卑，总是过多过高地要求别人，但从来不信任别人的动机和愿望，认为别人存心不良；不能正确、客观地分析形势，有问题易从个人感情出发，主观片面性大；如果建立家庭，常怀疑自己的配偶不忠，等等。持这种人格的人在家不能和睦，在外不能与朋友、同事相处融洽，别人只好对他敬而远之。

偏执在情绪上的表现是按照个人的好恶和一时的心血来潮去论人论事，缺乏理性的态度和客观的标准，易受他人的暗示和引诱。如果对某人产生了好感，就认为他一切都好，明明知道是错误、是缺点，也不愿意承认。偏执的人在行动上往往莽撞行事，不顾后果。例如那些自认为"讲义气"的青年，当他们的朋友受了别人"欺侮"时，他们往往二话不说，马上就站出来帮朋友打架，把蛮干、鲁莽当英雄行为。

广大青少年由于知识经验不足，辩证思维的发展尚不成熟，不善于一分为二地看问题，往往抓住一点就无限地夸大或缩小，自以为看到了事物的全部，极易出现以偏概全的失真判断，导致错误的结论。尤其是中学生正值青春期，内分泌功能迅速发展，大脑皮质及皮质下中枢的兴奋度常迅速地增强或减弱，从而形成情绪的波动不安，出现偏激认识和冲动行为。

偏执的人，不能正确地对待别人，也不能正确地对待自己。见到别人做出成绩，出了名，就认为那有什么了不起，甚至千方百计诋毁贬损别人；见到别人不如自己，又冷嘲热讽，借压低别

人来抬高自己。处处要求别人尊重自己，而自己却不去尊重别人。在处理重大问题上，意气用事，我行我素，主观武断。像这样的人，干事业、搞工作，都是成事不足，败事有余，在社会上也很难与别人和睦相处。

偏执的人喜欢走极端，是因为其头脑中有着非理性的观念，因此，要改变偏执行为，首先必须分析自己的非理性观念。如：

"我不能容忍别人一丝一毫的不忠。"

"世上没有好人，我只相信自己。"

"对别人的进攻，我必须立马予以强烈反击，要让他知道我比他更强。"

"我不能表现出温柔，这会给人一种不强健的感觉。"

现在对这些观念加以改造，以除去其中极端偏激的成分。

"我不是说一不二的君王，别人偶尔的不忠应该原谅。"

"世上好人和坏人都存在，我应该相信那些好人。"

"对别人的进攻，马上反击未必是上策，而且我必须首先辨清是否真的受到了攻击。"

"我不敢表示真实的情感，这本身就是懦弱的表现。"

每当故态复萌时，就应该把改造过的合理化观念默念一遍，以此来阻止自己的偏激行为，有时自己不知不觉表现出了偏激行为、事后应重新分析当时的想法，找出当时的非理性观念，然后加以改造，以防下次再犯。

要善于克制自己的抵触情绪，以及无礼的言语和行为。对自己的错误要主动承认，不要顽固地坚持自己的观点。如果意识到了平日里自己的行为有些偏执，那么，提醒自己不要陷于"敌对心理"的旋涡中。事先自我提醒和警告，处世待人时注意纠正，这样会明显减轻敌对心理和强烈的情绪反应。要懂得只有尊重别人，才能得到别人尊重的基本道理。要学会对那些帮助过你的人说感谢的话，而不要不痛不痒地说一声"谢谢"，更不能不理不睬。要学会向你认识的所有人微笑。可能开始时你很不习惯，做得不自然，但必须这样做，而且要努力去做好。要在生活中学会忍让和耐心。生活在复杂的大千世界中，冲突、纠纷和摩擦是难免的，这时必须忍让和克制，不能让仇恨的怒火烧得自己晕头转向，肝火旺盛。

贪婪心理：对某一目标过分的欲求

贪婪是一种常见的心理问题。"贪"的本义指爱财，"婪"的本义指爱食，"贪婪"指贪得无厌，意即对与自己的力量不相称的某一目标过分的欲求。与正常的欲望相比，贪婪没有满足的时候，反而是越满足，胃口就越大。古人用"贪冒""贪鄙""贪墨"来形容那些贪图钱财、欲望过分的行为，认为是"不洁""不干净""不知足"的。贪婪并非遗传所致，是个人在后天社会环境中受病态文化的影响，形成自私、攫取、不满足的价值观而出现的不正常的行为表现。一般而言，贪婪心理的形成主要有以下几个方面：

错误的价值观念

认为社会是为自己而存在，天下之物应皆为自己拥有。这种人存在极端的个人主义思想，是永远不会满足的。他们会得陇望蜀，永不休止。

行为的强化作用

有贪婪之心的人，初次伸出黑手时，多有惧怕心理，一怕引起公愤，二怕被捉。一旦得手，便喜上心头，屡屡尝到甜头后，胆子就越来越大。每一次侥幸过关都是一种条件刺激，会不断强

化他的贪婪心理。

攀比心理

有些人原本也是清白之人，但是看到原来与自己境况差不多的同事、同学、战友、邻居、朋友、亲戚、下属、小辈，甚至原来那些比自己条件差得远的人都发了财，心理就不平衡了，觉得自己活得太冤枉，由此也学着伸出了贪婪的双手。

补偿心理

有些人原来家境贫寒，或者生活中有一段坎坷的经历，便觉得社会对自己不公平。一旦其地位、身份上升，就会利用手中的权力为自己谋求发展或享受，以补偿以往的损失。

功利心理

一些人把市场经济看成金钱社会，拜金成为他们的信条；一些人有失落感，认为"今天这个样，明天变个样，不知将来怎么样"；一些人滋长了占有欲，把市场等价交换原则引入现实生活中，从而引发不良行为。

虚荣心理

一些人曾经表现较好，可一旦地位变了，权力大了，讨好的人多了，就开始飘飘然起来。他们失足犯罪，往往不是为金钱所惑，而是被胜利冲昏头脑，自我膨胀，被见风使舵的人利用，混淆是非，放弃原则，经受不住权力和地位的考验。

侥幸心理

有不少贪官明知贪污受贿国法不容，但又认为自己作案并非明火执仗，吃得下，擦得干净，即使被发现也不容易被抓到把柄。贪污能"天衣无缝"，受贿只有"你知，我知"，只要满足行贿人的要求，他不举报就不会出事，就是出了事也未必抓住直接证据，未必定得了罪。这种心态导致犯罪分子自我欺骗，我行我素，随着作案次数的增多，胆子越来越大，因而越陷越深。

盲从心理

有些人认为，"大家都在捞，你捞我也捞""大家都这样""老实人才吃亏""捞"了也没事，查到的也不过那么几个。

自闭心理：将自己关在家里不与他人来往

凯思·柯林斯说："把自己封闭起来，风雨是躲过去了，但阳光也照不进来。"自我封闭的人将自己与外界隔绝开来，很少或根本没有社交活动，除了必要的工作、学习、购物以外，大部分时间将自己关在家里，不与他人来往。自我封闭者都很孤独，没有朋友，甚至害怕社交活动。自我封闭的心理现象在各个年龄层次都可能产生，儿童有电视幽闭症，青少年有因羞涩引起的恐人症、社交恐惧心理，中年人有社交厌倦心理，老年人有因"空巢"（指子女成家）和配偶去世而引起的自我封闭心理。

有封闭心理的人不愿与人沟通，很少与人讲话，不是无话可说，而是害怕或讨厌与人交谈，前者属于被动型，后者属于主动型。他们只愿意与自己交谈，如写日记、撰文咏诗，以表志向。自我封闭行为与生活挫折有关，有些人在生活、事业上遭到挫折与打击后，精神上受到压抑，对周围环境逐渐变得敏感，变得不可接受，于是出现回避社交的行为。自我封闭心理实质上是一种心理防御机制。

自我封闭心理与人格发展的某些偏差有因果关系。从儿童来讲，如果父母管教太严，儿童便不能建立自信心，宁愿在家看电视，也不愿外出活动。从青少年来讲，同一性危机是产生自我封闭心理的重要原因。该危机是青年企图重新认识自己在社会中的

地位和作用而产生的自我意识的混乱，即指青年人向各种社会角色学习技能与为人处世策略，如果他没有掌握这些技能与策略，就意味着他没有获得生活自信心以进入某种社会角色，他不认识自己是谁，该做些什么，如何与他人相处。于是，他就没有发展出与别人共同劳动和与他人亲近的能力，而退回到自己的小天地里，不与别人有密切的往来，这样就出现了孤单与孤立。从中年人来讲，如果一个人不能关心和爱护下一代，为下一代提供物质与精神财富（还应包括整个家庭成员），那他就是一个"自我关注"的人。这种人只关心自己，不与他人来往，或者自我评价低而懒于与人交往。从老年人来讲，丧偶丧子的打击，很容易使人心灰意懒，精神恍惚，对生活失去信心，不能容纳自己，常常表现为十分恋家。

自我封闭的心理具有一定的普遍性，各个历史时期、不同年龄层次的人都可能出现，其症状特点有：不愿意与人沟通，害怕和人交流，讨厌与人交谈，逃避社会，远离生活，精神压抑，对周围环境敏感。由于他们的自我封闭，所以常常忍受着难以名状的孤独寂寞。众所周知，人类的内心世界是由感情凝结而成的，所以我们才能在邻居或朋友之间建立起诚挚的友谊，才能在夫妻间建立起美满的婚姻和家庭，社会也才能通过感情的纽带协调转动。

如果一个人总是将自己封闭在一个狭窄的世界内，对自己、对社会都没有好处，所以自闭的人都应走出自我封闭的世界，注意倾听自己心灵的声音，并大胆表现它的美好和幸福。

走出自我封闭的世界，你就要多交些朋友，多开展些社交活动。自闭的人应保持身心的活跃状态，以积极的生活态度待人处世，树立确定可行的生活目标，既对明天充满希望，又珍惜每一个今天；正确对待挫折与失败，以"失败为成功之母"的格言来激励自己，信念不动摇、行动不退缩；乐于与人交往，加强信心与情感的交流，增进相互间的友谊与理解，得到勇气和力量；增加适应能力，培养广泛的兴趣爱好，保持思维的活跃。

虚荣心理：自尊心过分的表现

莫泊桑小说《项链》中的玛蒂尔德，在虚荣中耗尽自己的青春岁月。关于虚荣心，《辞海》有云：表面上的荣耀、虚假的荣誉。此最早见于柳宗元诗："为农信可乐，居宠真虚荣。"心理学上认为，虚荣心是自尊心过分的表现，是为了取得荣誉和引起普遍注意而表现出来的一种不正常的社会情感。虚荣心是一种常见的心态，因为虚荣与自尊有关。人人都有自尊心，当自尊心受到损害或威胁时，或过分自尊时，就可能产生虚荣心，如珠光宝气招摇过市、哗众取宠，等等。

虚荣心与赶时髦有关系。时髦是一种社会风尚，是短时间内到处可见的社会生活方式，制造者多为社会名流。虚荣心强的人为了追赶偶像、显示自己，也模仿名流的生活方式。

虚荣的心理与戏剧化人格倾向有关。爱虚荣的人多半为外向型、冲动型，反复善变、做作，具有浓厚、强烈的情感反应，装腔作势、缺乏真实的情感，待人处世突出自我、浮躁不安。虚荣心的背后掩盖着的是自卑与心虚等深层心理缺陷。具有虚荣心理的人，多存在自卑与心虚等深层心理的缺陷，为了一种补偿，竭力追慕浮华以掩饰心理上的缺陷。

几十年前，林语堂先生在《吾国吾民》中认为，统治中国的三女神是"面子、命运和恩典"。"讲面子"是中国社会普遍存在的一种民族心理，面子观念的驱动，反映了中国人尊重与自尊

的情感和需要，丢脸就意味着否定自己的才能，这是万万不能接受的，于是有些人为了不丢脸，通过"打肿脸充胖子"的方式来显示自我。

林语堂先生的"打肿脸充胖子"与培根的哲学有很大的相似之处，培根说："虚荣的人被智者所轻视，愚者所倾服，阿谀者所崇拜，而为自己的虚荣所奴役。"德国哲学家叔本华说："虚荣心使人多嘴多舌；自尊心使人沉默。"虚荣心强的人，在思想上会不自觉地掺入自私、虚伪、欺诈等因素，这与谦虚谨慎、光明磊落、不图虚名等美德是格格不入的。虚荣的人为了表扬才去做好事，对表扬和成功沾沾自喜，甚至不惜弄虚作假。他们对自己的不足想方设法遮掩，不喜欢也不善于取长补短。虚荣的人外强中干，不敢袒露自己的心扉，给自己带来沉重的心理负担。虚荣在现实中只能满足一时，长期的虚荣会导致非健康情感因素的滋生。

虚荣心男女都有，但总的说来，女性的虚荣心比男性强。因此，虚荣心带给女性的痛苦比男性大得多。这一类型的人表面上表现为强烈的虚荣，其深层心理就是心虚。表面上追求威风，打肿脸充胖子，内心却很空虚。表面的虚荣与内心深处的心虚总是不断地在斗争着：一方面在没有达到目的之前，为自己不尽如人意的现状所折磨；另一方面即使达到目的之后，也唯恐自己的真相败露而恐惧。要克服虚荣心理，需做到以下几点：

树立正确的荣辱观

即对荣誉、地位、得失、尊严要持一种正确的认识态度。人生在世界上要有一定的荣誉与地位，这是心理的需要，每个人都应十分珍惜和爱护自己及他人的荣誉与地位，但是这种追求必须与个人的社会角色及才能一致。荣誉自豪感"不可没有，也不能强求"，如果"打肿脸充胖子"，过分地追求荣誉，显示自己，就会使自己的人格受到歪曲。同时也应该正确看待失败与挫折，"失败乃成功之母"，必须从失败中总结经验，从挫折中悟出真谛，才能建立自信、自爱、自立、自强的人生价值观，从而消除虚荣心。

在社会生活中把握好比较的尺度

社会比较是人们常有的社会心理，但在社会生活中要把握好比较的尺度、方向、范围与程度。从方向上讲，要多立足于社会价值而不是个人价值的比较，如比一比个人在学校和班上的地位、作用与贡献，而不是只看到个人工资收入、待遇的高低。从范围上讲，要立足于健康的而不是病态的比较，如比实绩、比干劲、比投入，而不是贪图虚名，嫉妒他人表现自己。从程度上讲，要从个人的实力上把握好比较的分寸，能力一般的就不能与能力强的相比。

学习良好的社会榜样

从名人传记、名人名言中，从现实生活中，以那些脚踏实地、不图虚名、努力进取的革命领袖、英雄人物、社会名流、学术专家为榜样，努力完善人格，做一个"实事求是、不自以为是"的人。

如果你已经出现了自夸、说谎、嫉妒等行为，可以采用心理训练的方法进行自我纠偏。即当病态行为即将或已出现时，个体给自己施以一定的自我惩罚，如用套在手腕上的皮筋反弹自己，以求警示与干预作用。久而久之，虚荣行为就会逐渐消退，但这种方法需要本人超人的毅力与坚定的信念才能奏效。

要想从根本上解决虚荣心理，关键不在于如何消除它，而在于如何改善它，诱导它走向有用的方面去。虚荣只有用到有利于人类的事业上去，它才有利而无害。

自私心理：只顾自己的利益

自私同样是一种较为普遍的病态心理现象。"自"是指自我，"私"是指利己，"自私"指的是只顾自己的利益，不顾他人、集体、国家和社会的利益。自私有程度上的不同，轻微一点是计较个人得失、有私心杂念、不讲公德；严重的则表现为了达到个人目的，侵吞公款、诬陷他人、铤而走险。贪婪、嫉妒、报复、吝啬、虚荣等病态社会心理从根本上讲，都是自私的表现。

自私心理的表现主要有：

（1）不讲社会公德，损人利己，极端自私。

（2）嫉妒成性，以自我为中心，目中无人，容不得他人。

（3）垄断技术，剽窃成果，把集体、国家利益和成果攫为己有。

（4）以权谋私，以钱谋私，做权钱交易。

自私心理形成的原因是多方面的，在这里仅从主客观两方面来分析。

从客观方面看，地球上各种资源的数量、种类、方式在占有和配置方面都存在许多不平衡。

从主观方面看，个人的需求若是脱离社会规范的不合理的需求，人就可能会倾向于自私。人的私欲是无限的，正因如此，人的不合理的私欲必须要受到社会公理、道义、法律的制约。

自私心理有如下的特点：

深层次性

自私是一种近似本能的欲望，处于一个人的心灵深处。不顾社会历史条件的要求，一味想满足自己的各种私欲的人就是具有自私心理的人。

下意识性

正因为自私心理潜藏较深，它的存在与表现便常常不为个人所意识到，有自私行为的人并非已经意识到他在做一种自私的事，相反他在侵占别人利益时往往心安理得，也因为如此，我们才将自私称为病态社会心理。

隐蔽性

自私是一种羞于见人的病态行为，自私之人常常会以各种手段掩饰自己，因而自私具有隐秘性。

自私作为一种异常心理，是可以演变的。作为自我来说，最有效的方法就是心理调适。

具体来说有如下方法：

内省法

这是构造心理学派主张的方法，是指通过内省，即用自我观察的陈述方法来研究自身的心理现象。自私常常是一种下意识的心理倾向，要克服自私心理就要经常对自己的心态与行为进行自我观察。观察时要有一定的客观标准，这些标准有社会公德与社会规范和榜样等。加强学习，更新观念，强化社会价值取向，对照榜样与规范找差距。并从自己自私行为的不良后果中看危害找问题，总结改正错误的方式方法。

多做利他行为

一个想要改正自私心态的人，不妨多做些利他行为。例如关心和帮助他人，给希望工程捐款，为他人排忧解难等。私心很重的人，可以从让座、借东西给他人这些小事情做起，多做好事，

可在行为中纠正过去那些不正常的心态，从他人的赞许中得到利他的乐趣，使自己的灵魂得到净化。

厌恶疗法

这是心理学上以操作性反射原理为基础，以负强化作为手段的一种治疗方式。具体做法是：在自己手腕上系一根橡皮筋，一旦头脑中有自私的念头或行为时，就用橡皮筋弹击自己，从痛觉中意识到自私是不好的，然后使自己逐渐纠正。

吸烟成瘾：危害自己和他人

吸烟的习俗是哥伦布发现新大陆之后开始的，其历史不过几百年，但在世界各地，吸烟的人数和数量却在以令人难以置信的速度增加。吸烟是一种后天形成的不良嗜好，它对自己、他人和环境都有较大危害。全世界每年因吸烟导致死亡的人数达 250 万之多，可以说，烟是人类的第一杀手。

烟草的烟雾中至少含有三种有毒的化学物质：焦油、尼古丁和一氧化碳。焦油由好几种物质混合而成，在肺中会浓缩成一种黏性物质；尼古丁是一种会使人成瘾的药物，由肺部吸收，主要是对神经系统发生作用；一氧化碳会降低红血球将氧输有资料表明，一个每天吸 15～20 支香烟的人，其患肺癌、口腔癌或喉癌致死的概率要比不吸烟的人高 14 倍；其患食道癌致死的概率比不吸烟的人高 4 倍；死于膀胱癌和心脏病的概率要比不吸烟的人高 2 倍。吸烟是导致慢性支气管炎和肺气肿的主要原因，而慢性肺部疾病也增加了得肺炎及心脏病的危险。同时，吸烟也增加了患高血压病的危险。

被动吸烟又称"强迫吸烟"或"间接吸烟"，是指不愿吸烟的人被迫吸入别人吐出来的、夹有大量卷烟毒性物质的空气15分钟以上。被动吸烟者可能招致与吸烟者同样的病症。

吸烟不但给本人带来危害，而且还殃及子女，有学者对5200个孕妇进行调查分析，结果发现其丈夫每天吸烟的数量与胎儿产前的死亡率和先天畸形儿的出生率成正比。父亲不吸烟的，子女先天畸形的比率为0.8%；父亲每天吸烟1～10支的其比率为1.4%；每天吸烟10支以上的比率为2.1%。孕妇本人吸烟数量的多少，也直接影响到婴儿出生前后的死亡率。例如，每天吸烟不足一包的，婴儿死亡危险率为20%；每天吸烟一包以上的，婴儿死亡危险率为35%。

嗜烟者有下列特点

（1）吸烟数量由一天几支到一包、两包、甚至两包以上，更有甚者会坐在那里抽烟，可以不熄火，一支接一支不间断地抽。

（2）吸烟成瘾后，一旦长时间不吸烟就会出现一些消极不良反应，如打瞌睡、打呵欠、流眼泪、心情郁闷、坐立不安等。

（3）嗜烟者具有好交往、合群、喜欢冒险、行事轻率、冲动、易发脾气、情绪控制能力差等个性特征。

有调查显示，嗜烟者有71%的人同时还有其他嗜好，如饮浓茶、喝酒、喝咖啡等。

戒除烟瘾的方法

由于吸烟对个体的身心健康及环境的影响极大，应该引起人们的重视，下面介绍一些戒烟的方法：

首先要加强戒烟意识：刚开始戒烟，人感觉总是不太舒服，但是要有这种意识，即戒烟几天后味觉和嗅觉就会好起来。

寻找替代办法：戒烟后的主要任务之一是在受到引诱的情况下找到不吸烟的替代办法：做一些技巧游戏，使两只手不闲着，

通过刷牙使口腔里产生一种不想吸烟的味道，或者通过令人兴奋的谈话转移注意力。如果你喜欢每天早晨喝完咖啡后抽一支烟，那么你把每天早晨喝咖啡换成喝茶。

打赌：一些过去曾吸烟的人有过戒烟打赌的好经验，其效果之一是公开戒烟，能得到朋友和同事们的支持和监督。

少参加聚会：刚开始戒烟时要避免受到吸烟的引诱。如果有朋友邀请你参加聚会，而参加聚会的人大多吸烟，那么至少在戒烟初期应婉言拒绝参加此类聚会，直到自己觉得没有烟瘾为止。

消除紧张情绪：如果紧张的工作和生活是你吸烟的主要起因，那么拿走你周围所有的吸烟用具，改变工作环境和工作程序。在工作、生活场所放一些无糖口香糖、水果、果汁和矿泉水，多做几次短时间的休息，到室外运动运动，几分钟就行。

体重问题：戒烟后体重往往会明显增加，一般增加 2 ~ 8 公斤。爱烟的人戒烟后会降低人体新陈代谢的基本速度，并且会吃更多的食物来替代吸烟，但可以通过增加身体的运动量来对付体重增加，因为增加运动量可以加速新陈代谢。另外，多喝水，使胃里不空着。

游泳、踢球和洗蒸汽浴：经常运动会提高情绪，冲淡烟瘾，体育运动会使紧张不安的神经镇静下来，并且会消耗热量。

扔掉吸烟用具：烟灰缸、打火机和香烟都会对戒烟者产生刺激，应该让它们从戒烟者的视野中消失。

转移注意力：尤其是在戒烟初期，多花点钱从事一些会带来乐趣的活动，以便转移吸烟的注意力，晚上不要像通常那样在电视机前度过，可以去按摩、听唱片、上网与家人散步等。

经受得住重新吸烟的考验：戒烟后又吸烟等于戒烟失败，但要仔细分析重新吸烟的原因，避免以后再犯。

嗜酒如命：可导致慢性酒精中毒

据考证，我国早在古代夏禹时期就开始酿酒，在人类三大嗜好一烟、酒、茶中，别看酒既不能充饥、又不能解渴，特别是白酒也没有什么值得特别宣扬的营养价值，但古今中外世界各国在喜庆的欢宴中都少不了酒，所谓无酒不成席、无酒不足庆。

在现代社会生活中，美酒加咖啡更是一种时尚，特别是人逢喜庆更少不了三杯美酒敬亲人。作为礼仪交流的一种方式，酒文化的含义早已超越了它原本的内涵，但是这只能是在"适当"饮酒中才能展示其高雅和喜庆的风范。当然，适当少量饮酒还能健身。《本草备要》载，"少饮则和血运气，壮神御寒，遣兴消愁，避邪逐秽，暖五脏，行药势"，有一定好处，但是一旦陷入嗜酒如命的酗酒成瘾状态则完全变了性质。

古代有个叫刘伶的人，崇尚老庄，放情肆志，嗜酒如命，著有《酒德颂》，流传后世。

刘伶不爱说话，也很少和人交往。出门的时候，总是随身携带一壶酒，叫个人扛着一把铁锹跟在身后，说："我要是喝死了，你就挖个坑把我埋掉。"他常常在外面喝得东倒西歪，像一摊烂泥，有时会跟不认识的人吵起来。他个子又矮，相貌又丑，酒醉后嘴里还不干不净，自然有人捋起袖子要揍他。他看人家要来真的，便又给人赔笑，说："你看我瘦成这样，哪能经得起先生您那样大的拳头呀？"搞得人家只好笑笑作罢。

刘伶的老婆看丈夫成天酒态，气得把家中的酒器摔的摔，砸的砸，哭着说："你喝酒我不反对，但你喝得太厉害！这样下去日子怎么过？我求求你，戒掉它好吗？"刘伶说："好，好，可我自己控制不住，只有祈求鬼神静忙。让我向鬼神发个誓，你给

我搞点酒肉来供奉鬼神。"老婆听了很高兴，便拿来酒肉，供奉到鬼神牌位前。

刘伶向鬼神牌位拜了几拜，然后跪下说："老天爷生下我刘伶，把酒看作生命。一喝就是一斛，喝过五斗神志才清。我老婆所讲的话，您千万不能听！"于是抓起供奉鬼神的肉，拿起供奉鬼神的酒，一边啃咬，一边咕咕地直往肚子里灌，不到一会儿，便像烂泥一样醉得不省人事。

像刘伶那样，对酒简直到了如痴如狂的程度，这在没有酒瘾的人看来是匪夷所思的。那么酒瘾是怎样形成的呢？

酒进入人体后，由于酒中的酒精（乙醇），有90%以上在人体的肝脏内分解成乙醛，乙醛再分解为水和二氧化碳排出体外。乙醇有促进氧化磷酸酶的作用，这种酶与细胞能量代谢有重要关系，但细胞膜对乙醛的通透性极小，只有通过乙醇的帮助，乙醛才能发挥作用。当人大量饮酒时，体内的乙醇和乙醛的浓度都会增加，便加速了氧化能量的代谢过程，使大脑兴奋度和器官功能暂时有一定增强，人的精神就感到格外愉快、活跃和兴奋。时间一长，人的机体内的这种反应逐渐会变成常规，并且在大脑中形成程序，从而固定下来，这样，便产生了一种较强烈的不断补充乙醇和乙醛的需要。从而形成了酒瘾。

饮酒成瘾的危害

长期大量饮酒可导致慢性酒精中毒，对人体造成多方面的损害。

（1）对躯体的影响。大量饮酒易引起胃炎、胃及十二指肠溃疡、胃出血、酒精中毒性肝炎、脂肪肝和肝硬化等，还会增加咽喉、食管、口腔、肝、胰腺等部位癌症的发病率。在西方国家，20%～25%的肝硬化都是由饮酒直接引起的。

（2）对神经系统的影响。大量饮酒易引起小脑变性，发生共济失调，表现为步态蹒跚，走直线困难；震颤，轻者双手颤抖，重者颜面的表情肌、舌肌也发生震颤；还可出现周缘神经疾病、脑梗死和癫痫等。

（3）产生精神障碍。

（4）人格改变。嗜酒成癖后，随着酒精中毒加深，部分患者的人格也将发生显著变化，如有的变得玩世不恭或多愁善感，有的变得待人冷漠，或不可理喻等。

（5）对家庭的影响。长期嗜酒的男性，可引起性功能障碍，以性欲低下甚至阳痿较多见。在性功能障碍的基础上，常产生嫉妒妄想，怀疑妻子不忠，而无故谩骂、殴打、侮辱、虐待，威胁要将其置于死地，导致一场野蛮的家庭闹剧。次日清醒后，又会不断地请求妻子宽恕。但猜疑不去，且与日俱增。最后即使在饮酒时也不会消失。因此，导致家庭破裂者不在少数。

（6）对后代的影响。经常酗酒还会损伤生殖功能。医学研究证实：大量的酒精对精子和胎儿都有致命的"打击"和损伤。

暴饮暴食：过度重视食物的摄取

生活中，你会看到有一些人会无法控制地、定期地（约每周两次）暴饮暴食，感觉好像没有办法停止"吃"的动作，一直吃到自己受不了为止。这些人通常体态适中，但很强烈地担心自己的体重上升，而且对于自我的评价相当受其身材所影响，因此往往在大量进食之后，会有羞愧、罪恶的感觉，并且会以催吐、灌肠、使用泻药或绝食等方式来避免体重上升。

暴饮暴食行为多数发生在二十几岁，主要是起源于心理困扰，然后再演变为过度重视食物的摄取和身材的比例。在越来越

多女性追求苗条身材、承受较大压力的情形下，其发生率显著上升。

暴饮暴食的心理成因

病例：婷婷，女，17岁，高中生。患有严重的暴饮暴食症。

她已有一年病史，每隔半个月左右就会发作一次，每次发作时，她一接触食物便会将它全塞入嘴里，不停地吃啊吃，一直吃到撑得实在吃不下了，感觉肚子都快撑破了，就把吃下去的再全部吐出来。但下次见到食物还是控制不住想吃。吃完后再用手抠喉咙，刺激咽喉，吃下去的东西再吐出来。有时竟能吐出血来。但每次病发，就忘了以前的一切痛苦经历，还是大吃特吃。有时候吐完了哭着说："难受得恨不得去死。"她自己也曾努力控制自己，却控制不了，对生活失去了信心。原来一个漂亮的小姑娘被折磨得狼狈不堪。

经心理医生询问后，才发现暴饮暴食其实只是表面上的症状，真的问题是她自身心理上的。

婷婷从小就特别爱干净，爱漂亮。再加上她从小就长得十分漂亮，邻居都夸她，爸爸妈妈也老向其他人夸他们的女儿有多可爱，多美丽。婷婷在大家的夸奖声中长大。到上中学后，更是发育得亭亭玉立，成了班里公认的"班花"。可是上个学年，班里转来一个女孩。这个女孩一来就抢走了她一半的拥护者。于是，两个女孩开始明争暗斗。比谁的衣服更漂亮，谁的气质更好，当然还有身材。为这，那个女孩和婷婷都拼命节食。可每天只吃苹果却不能吃那些美味的食品的日子实在太难熬了。终于有一天，婷婷发现了一个又可以吃到美食又不会发胖的办法：吃完后再用手抠喉咙，刺激咽喉，让吃下去的东西吐出来。开始时很困难，吐不出来。但时间长了以后，婷婷做这项工作已很熟练了。现在她每隔一定时间就要来这么一次，而且由于可以不变胖，她吃的东西越来越多，根本就无法停止。

患有暴饮暴食症的患者，在心理上其实有许多相同的特质，例如具有完美主义的倾向，以"过度理想"的身材为追求的目标。持续下去不但不能使患者摆脱心理上的困扰，而且会严重地影响身体健康，导致贫血、脱水、月经停止、肠胃功能障碍、心脏血管病变等问题，一旦有暴饮暴食症，应及时寻求专业人士的协助。

暴饮暴食的心理调适

首先要建立以健康为美的信念。外表和身材的完美并不能代表一个人的一切。要抛弃那种病态的审美观，只有心理和身体健康的人才会是美丽的。患者要不断充实自己，不要盲目攀比。把时间和精力浪费在那种肤浅的比较中并不明智，人活着应该寻求高尚的竞争目的，如对知识和智慧的追求等。只要不断地学习，适当地运动，人生就会充实起来。要树立正确的人生观和价值观。一个有远大理想和正确人生观的人是不会陷入这种盲目的竞争中的。

学会选择朋友是非常重要的。如果身边只是那些重视外表的朋友，那这样的友谊是不会长久的。多结交几个有思想的朋友，他们会给你带来意想不到的快乐，并能在你把握不住自己的时候提出忠告。

饮食是人们赖以生存的基本需求。每个人每天都必须摄入一定的食物用来维持身体的需要。所以，要把吃饭当成是一种很正常的事情。千万不可以为了保持身材而不吃东西。不要过高要求自己的身材。事实上，暴饮暴食的人往往身材偏瘦，只是他们自己给自己定的标准太高。在别人看来，他们已经很瘦了，根本用不着减肥，从健康的角度讲，反而需要适当增肥。

迷恋网络：膨胀着上网的欲望

2004年3月，某晚报一个大大的标题令人触目惊心："妈妈，我让网吧给害了！"该报道讲述了浙江省某市一位16岁少年因迷恋上网无法自拔，无奈之下3次自杀，母亲悲痛欲绝却又无可奈何……

一位名叫王力的高一学生，因为迷恋上网，造成学习成绩下降，继而旷课、逃学，最终患上了精神分裂症，被送进精神病医院治疗。经过20多天的治疗，王力的病情才有所好转。

据校方介绍，王力于2002年上高一后，成绩一般，并经常旷课、逃学。后来学校了解到，王力学习成绩下降、旷课的原因是沉迷于上网打网络游戏。2003年，由于学习成绩差，王力不得不留级。但留级后，王力依然热衷于上网，并经常旷课逃学。学校为此多次对王力本人进行教育，并多次通知家长进行配合教育，王力也多次写下保证书，但结果还是一切照旧。2004年开学后，王力到学校上了几节课后又不上了，2004年3月中旬，王力的父亲来到学校，要退注册费和寄宿费，学校才知道王力在精神上出了问题。负责治疗王力的张医生指出，王力患的是精神分裂症，主要原因是上网成瘾，导致学习成绩下降，并形成巨大的精神压力所致。

随着家用电脑的普及，网民数量的增多，一种新的疾病——网络性心理障碍引起了全世界医学界和心理学界的关注。心理学专家对众多网民心态进行过分析，对技术的迷信和对速度的崇拜，膨胀着上网的欲望，这是一类网民上网的动力；将上网当成一种时髦、流行如同身着名牌；看破红尘，远离江湖，隐居网络，成了许多人逃避现实生活的一种手段。

科学家一组最新统计数字为人们敲响了警钟。目前全球 2 亿多网民中，约有 1140 万人患有某种形式的网络心理障碍，约占网民人数的 6%。这部分人在网上其乐无穷的冲浪体验中逐渐形成了一种对网络的依赖心理，随着每次上网时间的不断延长，这种依赖越来越强烈，容易患上"互联网成瘾综合征"。患者因为缺乏社会沟通和人际交流，将网络世界当作现实生活，脱离社会生活，与他人没有共同语言，而出现孤独不安、情绪低落、思维迟钝、自我评价降低等症状，严重者甚至有自杀意向和行为，如前面讲到的那位少年。据统计，目前我国有 1500 万左右的未成年人网民，在上网的人群中，患"互联网成瘾综合征"的比例约为 6%，在青少年中，比例高达 14%。

当网络依赖失控，对人产生负面影响的时候，我们就应把它当作心理上的一种障碍来看待。有关研究表明，我国有 5% ~ 10% 的互联网使用者存在网络依赖倾向，其中青少年中存在网络依赖倾向的约占 7%。与很多国家相比，我国中学生中使用互联网的人数比例较高，时间较长，平均每周使用时间为 8.98 小时，假期高达 21.34 小时。

网络世界形形色色，把生活需要转移至寄托于网络虚拟空间的事件确实存在，所以，就有了很多现代化的新词：染网瘾、网恋、网络同居、网婚等网络综合征，更为严重的就是网络犯罪。

上网成瘾的影响因素

（1）社会因素。当今社会，网吧密布大街小巷，成为青少年娱乐的主要场所，有时中小学生邀约集体上网玩游戏、冲浪等；在虚拟世界的信息刺激下，玩者会体验到现实世界体会不到的快感，随着乐趣不断增强，就会欲罢不能，久而久之成瘾。即使那些没有心理问题，但自制力差的孩子同样会患上网瘾。有些成瘾者由于网上谈话自由或互动游戏而引起精神依赖。

（2）家庭因素。家庭因素也是影响形成网瘾的一个主要原因。

（3）心理因素。好奇，大多数青少年网络成瘾者当初都是由于好奇心理，听经常上网的"网虫"同学或朋友说网络游戏如何如何的好玩，于是心里痒痒就跃跃欲试到网吧一展身手，一次，二次……逐渐就对网络游戏产生了精神依赖。

（4）人格因素。"T型人格"是一种爱寻求刺激的、爱冒险的人格特征，它分为T+型和T-型。T+型从事的冒险活动是被社会所认可的；T-型所从事的冒险就是不被社会所认可的，他寻求的这种刺激可能对他的成长是负面的，对后者就要特别注意，一定要正确引导，让他接触到健康的活动。

还有就是延迟满足能力差。比如一个孩子产生某种需求时立刻就要满足，否则就要闹，而不考虑满足这种需求的时间和条件。一般来讲，延迟满足能力比较差的孩子很容易上瘾。网络成瘾的男孩子大多性格内向、对事情特别专注因而易成瘾。

上网成瘾的危害

美国和欧洲的社会学家及心理学家一致认为，上网成瘾是一种危害不亚于酗酒和赌博成性的心理疾病。

目前，"互联网中毒"已成为日益严重的社会问题。上网成瘾者常因担心电子邮件是否已送达而睡不着觉，一上网就废寝忘食严重影响了身体健康，打乱了正常的生活秩序。有人发展到每天起床便莫名其妙地情绪低落、思维迟缓、头昏眼花、双手颤抖和食欲不振。更有甚者，一旦停止上网，就会出现急性戒断综合征，甚至采取自残或自杀手段，危害个人和社会安全。有研究显示，长时间上网会使大脑中的一种叫多巴胺的化学物质水平升高，这种类似于肾上腺素的物质短时间内会令人高度兴奋，但其后则令人更加颓废、消沉。据统计，网络心理障碍者的年龄介于

15 ~ 45 岁，男性患者占总发病人数的 98.5%。20 ~ 30 岁的单身男性为易患人群。有关专家还认为，上网成瘾也是婚姻破裂、对子女疏于管教、人际关系紧张等社会问题的诱因之一。

网络成瘾还会影响公司职员的工作效率。一项对全美前 1000 家大公司的调查显示，超过 55% 的管理人员认为，很多雇员把上班时间用在与工作无关的网络活动上。纽约一家公司暗中统计了本公司职员上班时间的网络活动，发现其中仅有 23% 是真正与工作相关的。由于上班时间在网上漫游而被辞退的雇员更是不断增加。

网络成瘾还可能会导致家庭破裂。匹兹堡大学心理学教授金波利·杨在过去三年中亲自访谈了数百名网络成瘾患者，她发现一个患有网络成瘾的丈夫，每天和他心爱的计算机在一起的时间，远比和他亲爱的妻子在一起的时间要长。更糟糕的是，他已爱上了他的"网上情人"，正准备带上他的电脑与妻子离婚。

上网成瘾的心理调适

对于孩子的上网成瘾，可采取以下的方法进行治疗：

首先，要改变患者对网络活动的不良认知。作为新时代的父母，首先自己要认知网络，全面提升自己在孩子成长教育方面的概念、方法和知识。青少年自控能力差，迷恋网络容易成瘾，家长应该引导和帮助，而不是呵斥、封闭和阻挠，甚至动不动就关电源、拔网线、拆电脑配件、把孩子锁禁闭，等等。

其次，多与孩子交流。孩子迷上上网，做父母的非常操心，防、管、骂、打，甚至赶出家门，各种方法都试过，但收效甚微。一位父亲无意中看到孩子的日记："我真不该惹妈妈生气，家里没电脑我就去网吧，其实我很少玩游戏，主要是看些学习资料，后来妈妈越管越严，我才赌气玩游戏的。"父亲恍然大悟，把孩子找回来，改变过去简单粗暴的教育方法，与孩子亲密聊

天，谈网络上的一些东西，从谈话中他发现孩子的网络知识懂得特别多，于是父亲就给孩子买了两本计算机方面的书，还花钱买了一台二手电脑，有空就陪孩子一起玩电脑，孩子还成了父亲学计算机的老师，父子俩其乐融融。此外，父母可以陪孩子一起上网，帮助孩子从中辨伪识真，汲取精华，去其糟粕。

再次，培养孩子多方面的兴趣。孩子业余活动内容贫乏，上网聊天、玩游戏就成了孩子的主要生活内容。上网时间一长就会成瘾，不能自拔，甚至影响学习和健康。如前面例子中，父亲怕孩子陷得太深，就刻意培养他的其他兴趣爱好。比如给他买了钢琴，要求他每年参加考级，假期就送他参加一些球类、绘画、英语等爱好方面的培训，同时又与国外同龄学生结对交友，有时候还全家一起去郊外度假。课余生活丰富了，兴趣广泛了，也就没有更多时间去上网，又能获得广博的知识。

最后，对孩子的上网进行限制。最好事先与其达成协议，约法三章。例如，关键是注意方法，最好与孩子达成协议，对上网约法三章。一是限制网友。一般不加陌生人，添加新好友时，必须经父母同意。二是限制时间。每天晚饭后1小时，周六、周日两小时。三是限制内容。不准上色情网站，不准玩大型游戏，不准告诉其他人自己的家庭和个人信息，不准约见网友。四是限制地点。控制资金，严禁到网吧上网。这些规定中，违反一次，扣1小时上网时间，零花钱减半，严重违反，"禁网"一周。在具体实施过程中，经常提醒孩子言而有信，学会自制。孩子开始有投机心理，发现被处罚后，现在能自觉遵守了。这个方法很简单，用不同的QQ号码试探几次，就能知道孩子有没有违规。

第十四章

儿童、青少年的主要
心理问题及调适

儿童孤独症：是一种严重情绪错乱的疾病

儿童孤独症，是发生在婴幼儿期的广泛发育障碍，是一种比较严重的儿童精神障碍，这种病涉及感知、语言、情感、智能等多种功能的损害。

孤独症的病因至今未明，可能与家庭环境、遗传、脑部疾病、母亲孕期生病吃药的影响有关。西方学者早期报告，孤独症患儿的父母多数是知识水平较高的专业技术人员，成天忙于工作、科研，很少照顾孩子，亲子关系较冷淡。但这一观点缺乏支持性的证据。

儿童孤独症又被人们称为儿童自闭症，是一类以严重孤独，缺乏情感反应，语言发育障碍，刻板重复动作和对环境奇特的反应为特征的精神疾病。通常发生于3岁之前，一般在3岁以前就会表现出来，从婴儿期开始出现，一直延续到终身，是一种严重情绪错乱的疾病。

孤独症无种族、社会、宗教之分，与家庭收入、生活方式、教育程度无关。约每一万名儿童中有2～4例，孤独症多见于男孩，男女比例为4.5：1。目前，在我国孤独症患儿约有50万。儿童孤独症无论在成因、发展方式还是治疗手段上，和成年人的孤独症都有很大区别，它是一种严重的婴幼儿发育障碍。

据介绍，自闭不是孤独症儿童的唯一表现。孤独症是一位美国医生于1943年首次提出的，在东南亚等一些地区，孤独症被译为自闭症。这种翻译方法往往给人一种误导，使人误以为儿童的自我封闭才导致这一病症，一旦儿童不自闭，这一病症就不存在了。其实事实并非如此，孤独症是一种广泛性发育障碍。

患儿对一般儿童所喜欢的玩具、游戏、衣物不感兴趣，而对一般儿童不喜欢的玩具或物品非常感兴趣。一些孤独症患儿还会表现出刻板、古怪的行为，或是对物体的某些特性感兴趣，反复触摸某些"光滑"物体的表面，如光亮的家具、雪白的墙壁、光滑的书刊封面、质地滑软的衣料、柔软的皮毛制品等，有时喜欢闻某一物体，如一位患儿总是喜欢闻他父母的手提包，每当父母回到家后，这位患儿的第一件事便是接过父母的包反复闻。

儿童孤独症的起因尚不太清楚，病因尚无定论。最近调查认为，孤独症与脑部生理结构或神经病学有关，是几种"原因"的结果。与遗传因素、器质性因素以及环境因素有关。

儿童孤独症的治疗

多数专家主张解铃还须系铃人，用心理调适治疗心理障碍孤独症通常十分有效。比如，带孩子回访老家，或看望以前的小朋友；多让他参加集体活动，同时带他去逛逛公园、看看小动物，游览祖国的大好河山。这样就会使他渐渐从孤独症中解脱出来。国外也有专家发现，温柔而有趣的动物对治疗孤独症非常有效。例如，墨西哥已开设的高智能动物海豚治疗儿童孤独症的康复中心等。

儿童恐惧症：过分的恐惧、焦虑达到异常程度

儿童恐惧症是指儿童对日常生活一般客观事物和情境产生过分的恐惧、焦虑，达到异常程度。

恐惧是正常儿童心理发展过程中普遍存在的一种情绪体验，

是儿童对周围客观事物一种正常的心理反应，也是儿童期最常见的一种心理现象。曾有人对一组儿童进行纵向追踪调查到14岁，发现90%的儿童在其发育的某一阶段都发生过恐惧的反应。儿童期的恐惧是十分短暂的，有研究表明，儿童恐惧在一周内消失的占6%，在3个月内消失的达54%，在一年内可全部消失。当然也有消失的时间要长一些的。许多恐惧不经任何处理，随着年龄增长均会自行消失。另外，惧怕的内容反映了儿童所处的环境特点及年龄发展阶段的特点。如9个月前的婴儿怕大声和陌生人；1～3岁的儿童怕动物、昆虫、陌生的环境和生人、黑暗、孤独等；4～5岁的儿童怕妖怪、鬼神，怕某些动物或昆虫，怕闪电雷击等；小学生则怕身体损伤（如摔伤、动手术等），怕离开父母、亲人死亡，怕考试、犯错误和受批评等；青年期则产生对社会环境、社会交往的恐惧。一般来说，惧怕与儿童的身体大小和应付能力有关，也反映了儿童的智力发展水平。惧怕的内容常常具有不稳定性，而恐怖障碍则不然，恐怖障碍患儿恐怖的内容各不相同，且较稳定，不会泛化，如怕猫的不会变为怕狗，怕闪电打雷的不会泛化为怕黑。恐惧症患儿由于对某一事物现象的恐惧，进而产生回避或退缩行为，如由于怕考试成绩不好被老师父母批评，发展到怕上学、见老师和同学，产生学校恐怖症。恐怖障碍持续的时间较长，不易随环境年龄的变化而消失，而且任何劝慰、说服、解释也无济于事，严重影响着儿童的正常生活和学习。

儿童恐惧症产生的原因

儿童恐惧症产生的原因主要是由环境、教育造成的，而其中又以父母的行为方式、教育方法的不当为主：父母对孩子溺爱，过于保护，限制儿童的许多行动；父母用吓唬威胁的方法对待孩子的不听话、不顺从；有的父母当着孩子的面毫无顾忌绘声绘色地讲述自己所见所闻或经历过的一些可怕的事情；有的父母对某一事物或现象存在恐惧，在孩子面前毫不掩饰地表现出来，使孩子也深受其害；有的父母对孩子过严过高的要求；家庭成员关系不和睦或对孩子缺乏一致性、一贯性的教育等。

上学恐惧症产生的原因及治疗

下面重点谈一下上学恐惧症：每到开学，就有家长领着刚上学的孩子尤其是低年级的孩子到医院，反映孩子情绪不稳定，心烦，无缘无故发脾气，对学习无兴趣，甚至上了学就肚子疼。经心理医生诊断，孩子患了"上学恐惧症"。

其实所谓的"上学恐惧症"并非专业的医学术语，只是对儿童和青少年某些心理问题的描述。它的主要症状表现为：情绪低落、心慌意乱、注意力降低、疲劳、失眠，有时伴随头痛、胃痛、肚子痛等身体上的不适。这种"上学恐惧症"不仅常发生在学习成绩跟不上的孩子身上，有很多聪明的孩子也有"恐惧"情绪。

一般来说，"上学恐惧症"是不分年龄段的，但性格内向、心理承受能力差的孩子更易产生这种心理障碍。据北京中小学生心理教育咨询中心的刘翔平老师说，通常由如下原因引起了"上学恐惧症"：

（1）母子分离焦虑。这类儿童从小过分依赖母亲，在陌生环境下感觉不适应。他希望以"得病"等方式满足和母亲在一起的需要。而不懂孩子心理的母亲往往请假陪伴孩子，正好强化了孩子的这种需要，使之变本加厉获得新的机会。这样的"上学恐惧症"通常发生在年龄较小的儿童身上，尤其是刚入园不久的幼儿和入学不久的小学生。

（2）孩子不适应老师。通常是因为惧怕，这类儿童对老师有过高的期望，通常他们会在学习上努力，行为上克制、忍让，老师一般很少批评他们，在他们心中，老师是爱的使者和保护神。但当老师偶尔因某件事严厉批评他们时，这类儿童会一下陷入焦虑和无助的境地，这类儿童往往缺少伙伴，没有可以诉说或解脱的对象、场所，所以不愿意上学。

（3）存在学习障碍。更多的孩子对上学产生恐惧是因为学习成绩不好，经常受到老师家长的批评，存在一定学习障碍的孩子，特别是经过一个假期的放松，更不愿重返有各种约束的校园了。

北京儿童医院主任医师、神经内科主任邹丽萍教授在接受记者采访时说，目前因为学习困难来就诊的有 50% ~ 60%，其中在神经内科就诊的占了 1 / 4 ~ 1 / 3。很多家长都忽视了这样问题的存在，可实际上因此而患上"上学恐惧症"的不在少数。避免孩子患这类心理疾病的前提是，在日常生活中父母不要只一味关注孩子的衣食住行，也要有意识地给他们补充心理营养。

对于已经患上这类心理疾病的孩子，要对症下"药"，采取有效手段进行治疗。首先，父母要与校方沟通，采取正确积极的教育方式，尽量维护孩子的自尊心，因为有这类心理疾病的孩子内心是非常抑郁和脆弱的，如果用不良的方式疏导孩子的心理，就会适得其反，对孩子的心灵造成更大的伤害。其次，父母要学会让孩子"收心"，培养孩子的学习兴趣，不要给孩子太大的压力。再次，可请专业心理医生进行心理治疗，如心理疏导、暗示疗法，急性发作时，可配合使用小剂量的抗焦虑药物。只要相关各方密切配合，就会减轻孩子的紧张心理，就会有效地预防和治疗恐学症。

儿童多动症：有多动或冲动行为

多动症是一种儿童行为障碍疾病，又称"脑功能轻微失调"，主要表现为注意力难以集中，在学习或游戏中缺乏一定的精神努力和持续力，容易受外界刺激的干扰，有多动或冲动行为；严重的有健忘、攻击、破坏等行为障碍，是一种儿童常见病、多发病，且此病的发病率呈现逐年上升的趋势。儿童多动症的患病率，占学龄儿童的5%左右，发病年龄多在5岁左右，男孩较多，一般8岁时症状显著，10岁后渐有好转。儿童多动症的病因很复杂，涉及生物、心理、家庭和社会多方面，但家庭环境所起的作用较大，如有的母亲对孩子过于溺爱，而父亲又过于严肃和粗暴，有的家长性情急躁，教育方法生硬或过分苛求，稍不听话就拳脚相加，致使孩子心情过度紧张，造成疾病。此外，该病与孩子功课负担过重和缺少文体活动等，也有一定关系。那么，是不是孩子一出现多动、顽皮、不服管教就是儿童多动症呢？当然不是，孩子的天性就是顽皮，并非所有顽皮的孩子都患有多动症。

作为家长，要掌握孩子顽皮和多动症的区别，以便及时识别，正确对待。

（1）多动症儿童很难控制注意力，或不受干扰地专心于做某一件事情，即使是他最感兴趣的事也不行，但顽皮儿童却可以对其感兴趣的事情专心致志。

（2）顽皮儿童在新环境中能够暂时约束自己，多动症儿童却做不到。

（3）顽皮儿童好动，有一定的原因和目的；但多动症儿童的好动却缺乏明确目的，与当时环境不协调。

（4）顽皮儿童作双手快速翻转轮换动作时，表现得灵活自如，而多动症儿童却多显得笨拙。

（5）顽皮儿童服用中枢神经兴奋药后，越发兴奋，多动症的儿童却能较快地表现出安静，多动减少，注意力能相对集中，但当多动症儿童服用镇静剂后，反而表现出兴奋、多动现象。

儿童多动症的临床表现

（1）注意力不集中。患有多动症的儿童无论干什么注意力都难以集中，干什么都丢三落四，做事情总是半途而废，常常是一件事还没有干完又急于去干另一件事。外界环境中任何视听刺激都可分散他们的注意。告诉他们的事马上就会忘记，似乎从来都没有用心听。上学后，他们在课堂上症状表现更加明显，坐在教室里总是东张西望，心不在焉。做作业时只能安坐片刻，经常玩弄文具或站起来到处走动。

（2）活动过度。多动症儿童最主要的特征就是活动过多或过分。在婴儿期他们就表现为好动、不安宁、喂食困难、爱哭、难以入睡、易醒、早醒等，而有的则是睡得过熟，很难唤醒。随着出生后身体机能的发展更显得不安分。学会了走路就不喜欢坐，学会了爬楼梯后就上下不停地爬，老爱翻弄东西，毁坏玩具。

进了幼儿园后，他们也不能按正常要求的时间坐在小凳子上。上学后大部分儿童因受学校纪律制约而增加了对自身活动的限制，而多动症患儿的多动行为反而更加突出。上课时他们小动作不断，无法专注于某一项活动，甚至会站起来在教室里擅自走动，一下课便像箭一般冲出教室。

（3）学习困难。虽然多动症儿童智力大多正常，但学习成绩普遍很差。因为上课、做作业时无法集中注意力，活动过多、情绪不稳定等缺陷严重地影响了他们的学习效果。在感知觉方面，多动症儿童中的部分个体还因出现诸如空间知觉、视听转换等心理障碍而影响他们书写、阅读、计算、技能操作、绘画等学习活动。

（4）情绪不稳、冲动任性。患有多动症的儿童性格倔强、固执，情绪很不稳定，易于受外界事物的刺激而变化，他们自我控制能力弱，极易冲动，高兴时情绪激昂亢奋，一旦受到挫折或不如意时则脾气暴躁、耍赖、哭闹、乱扔东西，经常在学校干扰其他儿童的活动，与他人争吵、打架，行为冲动时还会不计后果地伤人毁物，甚至导致一些严重的灾难性行为结果。因此他们与其他同伴难以和睦相处，在集体中常常是被孤立、排斥、厌恶甚至敌视的对象。

多动症的矫治须多管齐下方能奏效，家长和教师对多动症儿童应给予更多的关爱，要多发掘他们身上的长处，如愿意为老师做事等。宜采用热情鼓励为主、有效的批评惩戒为辅的教育策略，坚持对他们进行耐心、细致的教育引导。

儿童多动症的治疗

在治疗方面可采用心理和药物治疗。其中，首选方法是心理治疗，主要有支持性心理治疗、行为治疗（如代币券疗法、松弛疗法、自控训练等）。药物治疗虽然是当前治疗多动症立竿见影的有效治疗方法，但在选择时必须谨慎，以免造成对儿童，尤其是学龄前儿童大脑神经细胞、组织不可逆的损害。当前临床上常用的药物是中枢神经兴奋剂，如利太林（哌甲酯）、匹莫林（苯异妥因）等。患儿应在有丰富临床经验的精神科医师的科学指导下合理服用。

千万不要把好动的孩子都视为"多动症"患者。有的孩子学

习成绩不好，也调皮，也闯祸。如上课老是开小差，问的问题更是千奇百怪，常常弄得老师下不了台，有的喜欢拆家里的电器或钟表。这些行为其实是儿童好动和好奇心理的表现，不能简单地视之为"多动症"。最好的办法是请专门的医生诊断一下，这样才能对症下药。

儿童攻击性行为：由愤怒情绪表现出来的言语或身体向一定对象攻击的行为

儿童攻击性行为是指儿童受到挫折时，由愤怒情绪表现出来的用言语或身体向一定对象攻击的行为。儿童的攻击性行为可分为两类。其一是直接攻击。即对构成儿童挫折的人或事用言语、表情、手势等方式立即做出反应，直接攻击。其二是转向攻击。转向攻击一般在两种情况下发生：一是慑于对方的权势而不敢直接攻击，或碍于自己的身体不便进行直接攻击；二是挫折的来源不明，如莫名的烦恼或内分泌失常等因素引起的情绪冲动，将怒气发泄在他人或其他事物上。在儿童成长发育的过程中产生攻击性行为是一个普遍现象，不足为奇，但儿童攻击性行为的持续不断，次数增多，强度增大，既会影响儿童当前的生活和学习，更会影响儿童一生的发展。

无论是哪种原因造成的儿童攻击性行为，其危害都是极大的，都会影响到儿童道德行为的发展。因此，对儿童的攻击性行为，应针对不同的类型，及时采取相应的教育方法，使有攻击性行为的儿童有所改变。

儿童攻击性行为的表现

（1）言语较多，喜欢与人争执，好胜心强。往往是非争不可，并时常讲粗话、骂人。

（2）情绪不稳定，脾气暴躁。任性执拗，喜欢生气，时常乱发脾气，稍不如意就可能出现强烈的情绪反应，如哭闹、叫喊，扔东西或以头撞墙等；有的还可能表现出一种屏气发作，即大声号哭之后，呼吸短暂停止，严重时可伴有紫绀和痉挛现象。

（3）易冲动，自控能力差。经常向同伴发起身体攻击，惹是生非，戏弄、恐吓、欺负同龄儿童或比他小的儿童，强占、抢夺别的儿童的玩具和物品。

儿童攻击性行为的矫治

儿童的攻击性行为不仅影响了其他儿童的生活和学习，而且还会影响自己一生的发展，延续到青年期以后，会出现人际关系紧张、社交困难等问题；做人父母后，会影响其子女的发展；同时，还会引起一系列的社会问题，如影响社会治安、提高犯罪率等。有资料显示，70%的暴力少年犯在儿童期就被认定有攻击性行为，因此，对儿童攻击性行为必须予以彻底矫治。其方法有：

（1）减少环境中易产生攻击性行为的刺激是很必要的。例如，给儿童提供较为宽敞的游戏空间而不是提供繁杂、拥挤的活动空间，提供各种娱乐玩具、书、丰富的营养食品等供儿童选择，而尽量避免有攻击倾向的玩具（如玩具枪、刀等）和含糖量高的食品。使他们得到情感的满足，减少冲突，从而减少攻击性行为的产生。

（2）启发儿童对攻击性的理解和思考，以便从动机上反思其攻击性倾向：例如，可设法让他明确打人、推人、抢夺等攻击

性行为是不对的，小朋友、老师和家长都不喜欢。儿童一般不能对自己的行为进行反省。为此，我们可以通过故事教育、角色扮演等途径，让儿童认识到他人对其攻击性行为的不满，从而使其对自己的攻击性行为产生否定情绪，更为重要的是一定要进一步与其共同设想受人欢迎的儿童形象，增强孩子向榜样学习的愿望，从而减少攻击性行为。

（3）给予榜样示范，向儿童提供谦让、互动、享受、合作的榜样。既然儿童能通过模仿去学习攻击性行为，那么同样可以通过模仿去学会谦让、互助、合作等良好的心理品质，教育者应当提供合作互助的榜样，通过模仿加以学习，通过强化而去形成固定的适应社会的正确行为模式。特别是教育者本人及父母家人更应该起榜样作用，言行一致、以身作则，做儿童的表率。

（4）对儿童的攻击性行为表现出"不一致反应"，即对其攻击性行为不予强化，不予注意，而对被攻击对象却给予充分的关注。儿童有可能以攻击性行为来引起他人的注意，因此，成人可以不予理睬其攻击性行为和言语的方法，使其达不到目的，同时用温柔亲切的态度安抚被攻击对象。成人这种一冷一热的不同态度，实际上也为有攻击性行为的儿童提供了非攻击性行为的榜样。对比较冲动的儿童必要时可采取"冷处理"，让其单独待会儿或暂时剥夺其参加某项活动的权利，但必须因人而异，适可而止，注意安全。

综合起来看，对有攻击性行为儿童，我们应更多地强调用爱打动其心和平静温和的教育，特别是注意在平时培养他们的爱心和善良的品格，彻底铲除孩子攻击性行为产生的土壤。另外，我们还要多注重其非攻击性表现，即时加以表扬和奖励，这样才能使他们成为具有健康心理的、能适应未来社会需要和挑战的新一代。

恋爱心理：由性生理成熟引发的性意识

青少年时期由于各器官组织的发育日趋成熟，由性生理成熟引发的性意识也逐渐觉醒，因而会产生恋爱行为，这是任何人也无法阻止的。而当恋爱行为受到家庭、社会、道德以及个体自身因素的制约而适应不良时，就会产生恋爱心理问题。

单恋

单恋是指一方对另一方的以一厢情愿的倾慕与热爱为特点的爱情。单恋在很多时候是一场情感误会，是青少年"爱情错觉"的产物。"爱情错觉"是指因受对方言谈举止的迷惑，或自身的各种主观体验的影响而错误地主动涉入爱河，或因白以为某个异性对自己有意而产生的爱意绵绵的主观感受。

单恋有两种情况：一种是毫无理由的，对方毫无表示，甚至对方还不认识自己，而自己执着地爱对方，追求对方，这种恋爱，是纯粹的单恋。另一种是自认为有"理由"的单恋，错认为对方对自己有情。

青少年心理尚未完全成熟，所以单恋现象比较常见，而且较多地出现在性格内向、敏感、富于幻想、自卑感强的人身上。首先是自己爱上了对方，于是也希望得到对方的爱，在这种具有弥散作用的心理支配下，就会把对方的亲切和蔼、热情大方当作是爱的表示，并坚信不已，从而陷入单恋的深渊不能自拔。

解决单恋的痛苦关键是要防患于未然。首先是要避免"恋爱错觉"，能够准确地观察和分析对方表情，用心明辨；要视其反复性，某种信息的反复出现可能意义很深，而仅仅一两次就不足为凭了；最后就是要把被认为是重要的信息与其他所有相关的信

息结合起来分析，用联系的观点看待问题。

陷入单恋的人，需要拿出十足的勇气，克服羞怯心理和自我安慰心理的折磨，勇敢地用心灵去撞击。如果对方有意，心灵闪现出共同撞击的火花，爱的快乐就会取代爱的痛苦。如果是"落花有意，流水无情"，则应该面对现实，勇敢地抛弃幻想，用理智主宰感情进行转移，通过思想感情的转换和升华来获取心理平衡。

失恋

爱情是美妙的，但当一场爱情走到了尽头，曾经相爱的双方如何化解矛盾、和平分手，失恋后如何调节自己的心态，周围的人如何帮助恋爱双方摆脱困境，这些既是感情上的问题，又是知识性、技术性的问题。

失恋后的心理与行为特征

失恋者由于失去了对方的爱情，其他感情又不能替代，会产生极度的绝望感、孤独感和虚无感。在此危险时刻，失恋者往往有以下不良的心理和行为特征：

（1）自杀。失恋者的自卑、悲观、厌世、空虚、羞辱、悔恨等各种负性情绪极端强烈，想摆脱心理负荷，就会导致自杀。

（2）报复。这是一种较常见的发泄手段，是极度的占有欲受到挫折而唤起的报复心理。

（3）抑郁。其主要表现为焦虑、冷漠、痛苦、颓废等，严重者导致精神分裂症。

失恋后的心理调适

失恋的痛苦深沉而剧烈，为了使自己尽快从失恋的痛苦中挣脱出来，恢复心理平衡，保持心理健康，失恋后应注意以下几点：

（1）克服"爱情至上"的观点。爱情是重要的，但它不是生命的全部，人生还有事业、亲情和友情。

（2）进行环境的转移。失恋后即刻换个环境，暂时与能触动恋爱痛苦回忆的情境、物、人隔离，不失为聪明之举。

（3）进行情感转移。站在对方的角度想一想：如果我遇到这样的情人，犯了这样的过错，我能不能容忍？从自责、自恨到发誓改正缺点，以崭新的姿态去寻求新的爱情。如对方因见异思迁、喜新厌旧、水性杨花或其他消极情绪与你决裂，你不妨这样想一想：既然恋爱时就对我这样，结婚后更不知会是什么样了。抱着"天涯何处无芳草"的信念，以诚心寻觅你真正的爱人。

（4）多为对方着想。既然对方觉得这样更幸福，就让他或她离开你吧。不然，这样的生活既不幸福，也不稳定。

早恋

恋爱是人正常的心理反应和行为，在少年男女之间出现过恋情的现象，就是所谓早恋。在青春期阶段，早恋是最令家长和老师感到困扰和担忧的问题。而且，更令家庭和老师感到困扰和担忧的是，近年来学生早恋现象开始出现低龄化的趋势，不仅高中生早恋的比率居高不下，初中生早恋的比率也大幅度增加，甚至有些小学生也开始谈"恋爱"了。

恋爱本身是无害的，但是在心理不成熟，缺乏教育和引导的情况下过早地"恋爱"是有害的，至少对青少年的成长会弊大于利。尽管陷入早恋状态的中学生会认为自己对爱情是认真的、严肃的，不是"闹着玩儿的"，但是他们对什么叫真正的爱情以及爱情所包含的社会责任和义务却知之甚少。加之青春期的少年道

德观念还不完善，不大懂得在异性交往中如何自制及尊重对方，不大清楚自己的异性交往活动会导致什么严重后果，以致情感一冲动就忘乎所以，造成许许多多的社会问题。而且，由于早恋具有朦胧性、冲动性和不稳定性的特点，一旦失恋，会导致严重的失落感和不正常心态，对早恋者的心理产生旷日持久的消极影响，甚至会给早恋者成年后的爱情生活造成某种驱不散、抹不去的阴影。

对于被"爱情"冲昏头脑的少男少女来说，要懂得"没有看到问题，并不等于问题不存在"。对待与异性伙伴之间的情感一定要理智、冷静。有了苦恼和困惑，不要拒绝向家长、老师请教。更重要的是，不要让冲动的感情支配冲动的行为，要明白对任何人而言，只有真正的尊重、爱护对方，才能收获美好的"爱情"。

总之，对孩子的早恋行为，切忌态度粗暴，处理方式简单化。父母、老师既要表明自己坚决反对的态度，又要和风细雨，尊重孩子的人格和自尊，寻找早恋发生的主客观原因，对症下药，耐心疏导。

逆反心理：面对对方的要求采取相反的态度和言行

近几年来，常见报端出现以中小学生为主角的家庭悲剧：有中小学生砍杀父母、爷爷奶奶的；也有中小学生自杀、自残的；也有与学校老师发生矛盾的……一宗宗骇人听闻的报道，让读者触目惊心，让家长、教师、教育者大感寒心。青少年学生可是祖国未来的希望啊，他们究竟怎么了？

青少年学生出现上述不可理喻的行为，源于青少年学生的逆反心理得不到及时合理的调适，进而发展成与家长、教师、教育者之间的矛盾，当矛盾得不到化解时，它会逐步上升，最终酿成悲剧。

逆反心理是指人们彼此之间为了维护自尊，面对对方的要求采取相反的态度和言行的一种心理状态。逆反心理在人的成长过程的不同阶段都可能发生，且有多种表现。如对正面宣传作不认同、不信任的反向思考；对先进人物、榜样无端怀疑，甚至根本否定；对不良倾向持认同情感，大喝其彩；对思想教育及守则消极抑制、蔑视对抗，等等。

由于青少年学生正处在身心发育成长的不稳定时期，大脑发育成熟并趋于健全，脑机能越来越发达，思维的判断、分析作用越来越明显，思维范围越来越广泛和丰富。特别是思维方式、思维视角已超出童年期简单和单一化的正向思维，向着逆向思维、多向思维和发散思维等方面发展。尤其是在接触社会文化和教育过程中青少年渐渐学会并掌握了逆向思维等方法。正是青少年思维的发展和逆向思维的形成、掌握，为逆反心理的产生提供了心理基础和可能。因此，逆反心理在成年前呈上升状态。

青少年学生正处在接受家庭、学校教育阶段，由于阅历和经验的不足，在认知事物和看问题时常出现认识上的片面和较大偏差，因而易与家长、教师、教育者的意向不同。当人们的意向不一致时，彼此之间为了维护自尊，就会对对方的要求采取相反的态度和言行。

如何克服和防治逆反心理

逆反心理作为一种反常心理，虽然不同于变态心理，但已具备了变态心理的某些特征，其后果是严重的，它会导致青少年形

成对人对事多疑、偏执、冷漠、不合群的病态性格，致使信念动摇、理想泯灭、意志衰退、工作消极、学习被动、生活萎靡等。

逆反心理的深一步发展还可能向犯罪心理或病态心理转化，所以必须采取有效的对策来克服和防治其发生。

（1）要重视复杂的社会因素对青少年心理的影响。青少年的心理活动，会受到社会经济制度变革，文化、道德、法律等意识形态发展，善恶、美丑、是非、荣辱等观念更新等方面影响。所以要克服逆反心理，不能把青年仅局限在学校这个小天地里，而要让他们置身社会，把对他们的思想情操等各方面的培养同社会政治生活、经济文化活动以及社会道德风尚联系起来，以提高他们心理上的适应能力，使他们更好地适应社会，不致迷失方向。

（2）青少年要学会正确认识自己，努力升华自我。这里须提倡自我教育，就是要求青年要学会把自己作为教育对象，经常思考自己、主动设计自己，并自觉能动地以实际行为努力完善或造就自己。

（3）要改善教育机制。教育工作者要懂得心理学和教育学，要掌握好青少年心理发展不平衡性这个规律；不失时机地帮助青少年克服消极心理，使其心理健康发展。教育工作者要努力与青少年建立充分信任的关系，要与他们交朋友，以诚相待、以身作则。要爱护和尊重青少年的自尊心，选择合适的教育方式和场合，注意正面教育和引导，杜绝以简单、压制和粗暴的形式对待青少年。

（4）作为学生、子女应理解父母和老师。作为学生、子女要学着从积极的意义上去理解大人，父母及老师的批评都是善意的，老师、父母也是人，也有正常人的喜怒哀乐，也会犯错误，也会误解人，我们只要抱着宽容的态度去理解他们，也就不会逆反了。要经常提醒自己虚心接受老师父母的教育，遇事要尽力克制自己，要知道，退一步海阔天空。另外，还要主动与他们接触，向他们请教，这样，多了一份沟通，也就多了一份理解。青少年要提高心理上的适应能力，如多参加课外活动，在活动中发展兴趣，展现自我价值，这样，逆反心理也就克服了。

青春期焦虑症：
以焦虑情绪反应为主要症状

焦虑症是一种常见的神经症，患者以焦虑情绪反应为主要症状，同时伴有明显的植物性神经系统功能的紊乱。

焦虑在正常人身上也会发生，这是人们对于可能造成心理冲突或挫折的某种特殊事物或情境进行反应时的一种状态，同时带有某种不愉快的情绪体验。这些事物或情境包括一些即将来临的可能造成危险或灾难或须付出特殊努力加以应付的东西。如果对此无法预计其结果，不能采取有效措施加以防止或予以解决，这时心理的紧张和期待就会促发焦虑反应。过度而经常的焦虑就成了神经症性的焦虑症。

青春期是焦虑症的易发期，这个时期个体的发育加快，身心变化处于一个转折点。随着第二性征的出现，个体对自己在体态、生理和心理等方面的变化，会产生一种神秘感，甚至不知所措。诸如，女孩由于乳房发育而不敢挺胸、月经初潮而紧张不安；男孩出现性冲动、遗精、手淫后的追悔自责等。这些都将对青少年的心理、情绪及行为带来很大影响。往往由于好奇和不理解会出现恐惧、紧张、羞涩、孤独、自卑和烦恼，还可能伴发头晕头痛、失眠多梦、眩晕乏力、口干厌食、心慌气促、神经过

敏、情绪不稳、体重下降和焦虑不安等症状。患者经常因此而长期辗转于内科、神经科求诊，经反复检查又没有发现器质性病变，这类病症在心理门诊会被诊断为青春期焦虑症。

焦虑症的分类

（1）精神性焦虑，其表现有心神不宁、坐立不安、恐慌、精神紧张。

（2）躯体性焦虑，其表现有查不出原因的各种身体不适感、心慌、手抖、多汗、口干、胸闷、尿频等多种自主神经失调的症状。

青春期焦虑症的心理调适

青春期焦虑症危害青少年的身心健康。长期处于焦虑状态，还会诱发神经衰弱症。因此必须及时予以合理治疗。

一般是以心理治疗为主，配合药物治疗。

对焦虑症患者的治疗主要采用"森田疗法"或"心理分析法"的心理疗法，要有耐心，先设法避免和消除各种刺激因素，还要取得患者的充分信任，培养他们坚强的意志，自始至终地给他们以支持，并教给他们一定的卫生知识，鼓励他们战胜焦虑。对有严重焦虑表现的患者可服些镇静剂。

自信是治愈青春期焦虑症的必要前提。焦虑症患者应暗示自己树立自信，正确认识自己，相信自己有处理突发事件和完成各种工作的能力，坚信通过治疗可以完全消除焦虑疾患。通过暗示，患者每多一点自信，焦虑程度就会降低一些，同时又反过来使自己变得更自信，这个良性循环将帮助你摆脱焦虑症的纠缠。

如果患者能够学会自我深度松弛，就会出现与焦虑中所见相反的反应，这时其身体是放松的而不是为某些朦胧意识所控制。自我深度松弛对焦虑症有显著疗效。患者在深度松弛的情况下去想象紧张情境，首先出现最弱的情境，重复进行，患者慢慢便会在想象出的任何紧张情境或整个事件过程中，都不再体验到焦虑。

有些焦虑是由于患者将经历过的情绪体验和欲望压抑到潜意识中去的结果。因为这些被压抑的情绪体验并未在头脑中消失，仍潜伏在无意识中导致病症。患者成天忧心忡忡，惶惶犹如大难将至，痛苦焦虑，不知其所以然。此时，患者应分析产生焦虑的原因，或通过心理医生的协助，把深藏于潜意识中的"病根"挖掘出来，必要时可进行发泄，这样，症状一般可消失。

焦虑症患者发病时脑中总是胡思乱想，坐立不安，痛苦不堪，此时患者可采用自我刺激，转移注意力。如在胡思乱想时，找一本有趣的能吸引人的书读，或从事自己喜爱的娱乐活动，或进行紧张的体力劳动和体育运动，以忘却其苦。

大多数患者有睡眠障碍，难以入睡或梦中惊醒，此时病人可进行自我催眠。如闭上双眼，进行催眠："我现在躺在床上，非常舒服……我似乎很难入睡……不过没有问题……我现在开始做腹式呼吸……呼吸很轻松……我的杂念开始消失了……我的心情平静了……眼皮已不能睁开了……手臂也很重，不想抬起来了……我要睡觉了……"在一系列的心理暗示下，患者不久就能入睡了。

神经衰弱症：由于身心过度疲劳，引起的神经系统刺激性衰弱

著名作家孙犁在 1986 年 6 月发表的《红十字医院》短文的一开头写道："1956 年秋天，我的病显得很重，就像一个突然撒了气的皮球一样，人一点精神也没有了。天地的颜色，在我的眼里也变暗了，感到自己就要死亡，悲观得很。其实这是长期失眠、神经衰弱到了极点的表现。"这一段描述可以说是神经衰弱者的"自白""主诉"，它寥寥几笔，使得神经衰弱病人的一部分思想跃然纸上。

"神经衰弱"作为一种心理疾病的名称，首先是由美国的比尔德在 1868 年提出来的。他认为神经衰弱主要由于身心过度疲劳，引起了中枢神经系统刺激性衰弱，表现为十分敏感，容易疲乏。

通常讲来，下列 4 种人容易患神经衰弱：

（1）缺乏自信性格的人。这类人干什么事情都没有信心，依赖性大。曾经有位大学二年级的女学生，她穿什么衣服，吃什么东西，都要"请示"她的妈妈。她胸无主见，缺乏独立意识和自主行动。她神经衰弱，经常失眠睡不好觉。

（2）强迫性性格的人。这类人过分求全，总觉得事情不是十全十美。曾有一位中年医生，他学习刻苦，医术很好，在病人当中享有威信。可是他有一个总是改不了的"毛病"，那就是他没完没了地要用肥皂洗手，唯恐手上不干净，有传染病菌。他也是神经衰弱，经常失眠。

（3）忧郁性格的人。这类人总是动不动就会闷闷不乐。

（4）歇斯底里（俗称"癔症"）性格的人。这类人以自我

为中心，追求虚荣，不能克制自己的欲望。

神经衰弱是由于大脑长期过度紧张而造成大脑的兴奋与抑制机能的失调。负性情绪，如恐惧、悲伤、抑郁等，是本症常见的原因。

不少青少年由于对工作与学习负担过重、亲人死亡、生活挫折、人事矛盾等不能正确对待、认识，长期的心理冲突、压抑得不到解决，从而导致神经系统功能失调，引起神经衰弱。

神经衰弱是一种常见的心理疾病，多发生在青少年求学与就业时期，特别是青少年学生和青年知识分子发病率远比其他人群高。患者常常情绪不稳、失眠、乏力、郁郁寡欢，有时发现知觉错乱现象，对极重要的事物会茫然无所知觉，对声音极度敏感，即使轻微的声音也会使其惊恐地心跳、冒汗。这类患者往往忧虑过多，学业、职业、前途、名誉、地位、婚恋等问题总盘旋于他们的脑际。尤其容易背上"病"的包袱，总爱陈述自己的病痛之苦。当医生劝其摆脱精神压力时，他觉得别人不理解他，不同情他，内心很委屈，进而责怪医生不负责任，医术太差。患者极易疲劳，因此感到一天到晚精力疲乏，学习与工作效率很低，注意力难以集中，头昏脑涨，记忆力下降，容易激怒，常为一些微不足道的小事而发生强烈情绪反应。

第十五章

中老年期的主要心理问题及调适

心理疲劳：最终会导致身心疾患

一般来说，疲劳有两种：一种是生理疲劳，另一种是心理疲劳。心理疲劳的大部分症状是通过生理疲劳表现出来的，因而往往被人忽视。中年人正处于社会、家庭、工作、生活的多重压力之下，因此，心理疲劳在中年人身上表现得尤为突出。心理疲劳的一般表现是：当你长时间连续不断地从事力不从心的脑力劳动后，你感到精力不支，而且劳动效率显著下降。

下列9项症状说明一个人的心理已经是很疲劳了。这9项症状是心理疾病的先兆，而这些心理疾病的先兆，都是由于心理疲劳引起的。

（1）早晨起床后，感到全身发懒，四肢沉重，心情不好。

（2）工作不起劲，什么都懒得去做，甚至不愿意和别人交谈。

（3）工作中差错多，工作效率低。

（4）容易神经过敏，芝麻大一点不顺心的事，也会大动肝火。

（5）因为眩晕、头痛、头晕、背酸、恶心等，感到很不舒服。

（6）眼睛容易疲劳，视力下降。

（7）犯困，可是躺到床上又睡不着。

（8）便秘或者腹泻。

（9）没食欲、挑食、口味变化快。

心理疲劳对人产生的影响是巨大的。心理疲劳往往通过一些身体疲劳的症状表现出来，当心理疲劳持续发展时，将导致心血管和呼吸系统功能紊乱、消化不良、失眠、内分泌失调等，最终会导致身心疾患。

心理疲劳是指人体虽然肌肉工作强度不大，但因神经系统紧张程度过高或长时间从事单调、厌烦的工作而引起的疲劳。心理疲劳是在工作、生活过程中过度使用心理能力，使其功能降低的现象，或长期单调重复作业而产生的单调厌倦感。通俗地说，心理疲劳是指长时期的思考、焦虑、恐惧或者在和别人激烈争吵之后，使心理陷入"衰竭"的一种状态。

生理疲劳是指人由于长期持续活动使得人体生理功能失调而引起的疲劳。从工作方面来说，生理疲劳是为工作所倦，不能再干；而心理疲劳则是倦于工作，不想再干。心理疲劳也会减弱生理活动，如厌烦、忧虑等都会损害身体的健康，使器官的活动效率降低。

心理疲劳产生的原因

人们心理疲劳的产生，不仅与当时所处的环境因素有关，而且与自身的情绪状态密切相关，它受到诸多因素的影响：

（1）工作负荷过高或过低。过高的工作负荷造成高度的心理应激，使人体的紧张程度过高，心理能力使用过度，从而造成心理疲劳。心理负荷过低的单调工作也会引起心理疲劳。单调、乏味、长时间从事一件事情会引起操作者极度厌烦，加速操作者心理疲劳的产生。单调的工作往往与不变的情绪联系在一起。在单调情绪中，人们容易产生不愉快，缺乏兴趣，以及觉得工作永无止境等消极情绪，从而产生心理疲劳。

（2）缺乏工作热情。工作热情高、有积极工作动机的人可以忽视外界负荷的影响而持续工作，身体上可能感到疲劳，但情绪很好。工作热情低、毫无持续工作动机的人对外界负荷极为敏感，往往夸大不利的效应，虽然工作并不紧张，消耗的能量也不多，但仍觉得"累"。美国心理学家迈尔提出的疲劳动机理论认为，一个人在从事某项活动中体验到疲劳的程度，依赖于个体对

完成这次任务的需要和动机的水平。

（3）希望渺茫。在期望即将实现时，人们的精神状态是最好的，如果一个人老看不到希望，心理就易出现疲劳感。许多研究者探索了 8 小时工作效率的变化规律，结果发现：随着工作时间的延续，工作效率逐渐下降；休息后继续工作，则工作效率有一定的回升。更为令人感兴趣的现象是，每当工作日快结束时，人们的工作效率又会出现较明显的回升。毫无疑问，在这里，意识到结束时间快到，结束工作的期望很快就要实现，使人们的劳动积极性大大提高。这里可看出，由于期望的即将实现，虽然生理上可能很疲劳，但心理的疲劳或者说是疲劳体验却减轻了。

（4）消极的情绪。心理疲劳易受情绪因素的影响。消极的情绪使人们体验到更多的疲劳效应，积极的情绪往往让人们将工作中积累的疲劳感冲得一干二净。当一场重大比赛结束之后，胜利的一方往往由于取得了胜利而兴奋、喜悦忘了比赛中的疲劳，而失败的一方由于失败而悲伤、消沉，比赛之后就愈感劳累。

（5）精神压力过大。精神压力过重也是心理疲劳的一个重要原因，尤其是中年人。中年人处于社会、家庭、工作、生活的多重压力之中，长期背负着各种压力，在工作、事业开创、人际关系处理、家庭角色的扮演，以及对家庭和事业的不断权衡方面，总是处于一种思考、焦虑、烦闷、恐惧、抑郁的压力之中，心理很容易陷入"衰竭"的状态。

除了上述因素之外，心理疲劳还受人的身体素质、性格特征、工作环境条件、睡眠状况及心理暗示等的影响。

有一些立竿见影的消除心理疲劳的方法：开怀大笑，以发泄自己的负性情绪；沉着冷静地处理各种复杂问题，有助于舒缓压力；做错了事，要想到谁都有可能犯错误，不要耿耿于怀；不要害怕承认自己的能力有限，学会在适当的时候说"不"；夜深人静时，悄悄地讲一些只给自己听的话，然后酣然入梦；遇到困难时，坚信"车到山前必有路"。

此外，可通过按压劳宫穴来解除心理疲劳。劳宫穴在手掌正中的凹陷处，感到疲劳时，可用对侧的拇指按压劳宫穴。

更年期神经症：突出表现出情绪不稳、易怒、烦躁、焦虑

更年期的疾病，多有明显的精神因素，如长期精神紧张或精神创伤。临床表现除失眠、头昏、头痛、注意力不集中、记忆力下降等神经衰弱症状外，还突出表现在情绪不稳、易怒、烦躁、焦虑，同时伴有心悸、潮热、多汗等自主神经症状。有些症候的中年人时时处处总表现出紧迫感，对个人和家人的安危、健康格外关切，注意自己身体的微小变化，担心会得什么严重疾病，常因身体不适而四处求医。尽管如此，这些症状对日常生活或工作并无明显影响，即使持续多年自知力仍然良好。

病例：吴某，女，50岁，农民，近两个月来自觉头昏，失眠，记忆力衰退，总是担心外出打工的子女身体状况不好，怕他们人生地不熟会遇到什么麻烦，要求念高中的小女儿隔三岔五地给他们写信，小女儿对此感到很烦，她就勃然大怒，骂小女儿不孝。一次她和邻居家吵了一架，就害怕其报复家人，对丈夫和小女儿总是千叮咛万嘱咐，甚至半夜三更突然从床上跳起来，要丈夫赶快躲藏起来，说邻居的儿子拿着刀要来杀他。一天早晨，她起床发现自己的脸色不好，又觉得喉咙很不舒服，以为自己得了什么可怕的病，因而十分担心，立刻去医院检查，医生告诉她只是上火引起扁桃体发炎，给她开了点药让她在家休息。但两天以

后，炎症仍没消失，她就怀疑医生没有告诉她实情，还跑到医院将医生大骂了一顿。家里人都觉得她不可思议，她自己也怀疑自己可能得了什么神经病。

吴某显然患有更年期神经症。对吴某最好采取疏导法、认知领悟疗法，并教其掌握放松技巧。首先要让她了解该年龄阶段的生理、心理特点，尤其是更年期可能遇到的各种心理疾病。有了一定的心理准备，才有较好的状态去迎接生活的新挑战。其次是培养豁达开朗的性格，对什么事都要往好的方面想，而不是总想其阴暗、狭窄的一面，毕竟世上美好的人事比丑的人事要多得多。再就是让她协调好人际关系，争取朋友、同事、邻居的帮助和支持，最重要的是依靠亲友情感系统的支持。

吴某在心理医生的帮助下，对更年期的生理、心理特点都有了较深入的认识和了解，而不再害怕自己是得了什么可怕的神经病。同时，通过心理治疗，她有了乐观、开朗的性格，能保持平静的心绪，对待事情也能一分为二。半年以后，其精神面貌和第一次见面时，简直判若两人，她已经走出了更年期神经症的阴影。

女性更年期的调适

（1）增加更年期保健知识。更年期不是病，只是每个女人生命中必经的一个时期。正确认识更年期的到来，因为它是人类老化过程中的必然阶段，可以找医生咨询，不必焦虑紧张，树立信心，以顺利通过更年期。

（2）进行自我心理调适。易怒、发脾气是更年期到来的前兆，它们一冒出来，就该提醒自己要注意。若有什么怨气，应该提醒自己这是更年期的表现，不要随着自己的性子，乱发脾气。

（3）倾诉和发泄。要彻底倾诉心里的郁结。倾诉是治愈忧郁悲伤的良方。当你遇到烦恼和不顺心的事后，切不可忧郁压抑，把心事深埋心底，而应将这些烦恼向你信赖、头脑冷静的人倾诉。如没有合适的对象，还可以自言自语地进行自我倾诉。

英国心理学家柯切利尔极力推崇一种自我倾诉内心苦闷和忧郁的方法——大声地自我倾诉。他指出，这种心理上的应激反应是防治内科各种疾病，尤其是心血管病和癌症的良药。他认为积存的烦闷忧郁就像是一种势能，若不释放出来，就会像感情上的定时炸弹，埋伏心间，一旦触发即可酿成大难。但若能及时地用倾诉或自我倾诉的办法，取得内心感情和外界刺激的平衡，则可祛灾免病。

有眼泪要让它流出来。生活中遇到痛苦和折磨，流泪也可以解除苦闷。因为情绪激动时，人体血液会产生某种化学变化，眼泪的流出将使这种物质得以排泄。

（4）家人和朋友要给予理解和支持。家人的不理解会加重她们的症状。所以，如果家有处在更年期的女性，千万要多关心她们。眼下，"更年期"变成了打趣甚至嘲弄人的词。男人碰上看不顺眼的事，如果当事人是中年女性，就不由分说朝她们贴个"更年期"的标签，年轻人也会用怪眼光看年纪大的人。作为家人，不要动不动就说"你是不是更年期到了"之类的话。她们生气时，要采取冷静、宽容的办法。

观念固执：不听别人
劝告或与之相反的意见

在生活中，我们会见到有些中年人十分固执，表现为过分固执己见，如"坚信"某种经验是"真理"、对某件事做出决定后绝不再根据客观条件的变化而适当修改或采纳他人建议、从不听

别人劝告或与之相反的意见。观念固执的人即使有足够的事实证明这种经验是错误的，内心虽然承认其错，但在口头上绝不认错，甚至由于在心理上达不到平衡而不能自控，错误地坚持或一意孤行，我行我素，唯我独尊。对固定观念或病态顽固执拗采用一般的劝导斥责是难以纠正的，应采用心理分析疗法或酌情配合中西医药治疗方能奏效。

这些人思想偏拗，总是认为自己的想法"完全合理"。造成这种情况的原因，往往是因为紧张或者激动的情绪，扰乱了他们的正常思维过程，以致他们遇到问题不能够常态地进行分析、判断。同时，这些人的注意力比较涣散，不易集中，听不进大多数人的意见。临床观察，这类人大都是因为精神上过于疲倦，或者心底里蕴藏着不少烦恼。

观念固执的人往往给人以假象，误认为他们很坚毅、很顽强，其实，固执的人，为了达到他的目的所表现出来的"百折不挠"、坚持干到底的精神，和真正的顽强不屈的坚毅精神，本质上是不相同的。

观念固执的人的"悲剧"就在于：他不惜花费一切代价所要达到的目的，往往在客观上是不正确的、不合理的。因而，他所表现的一系列行为就显得荒唐可笑。西班牙著名作家塞万提斯写的《堂吉诃德》，描写了一位自命不凡的"勇士"，把风车误当作敌人或妖怪，用长矛一枪刺去，最终被风车卷走。这是文学作品中对观念固执者的有力刻画和写照。而最为可悲的是，一个观念固执的人，往往以英雄好汉自居，对他的所作所为，经常不自量力地、自欺欺人地认为是出自好心肠的动机。其实，他的信念只不过是毫无意义的，甚至是有害的"我行我素"而已。

绝大多数人的观念固执、思想僵化，是对挫折的一种不正当的反应。当他们反复地遭遇到同样的挫折后，由于不能像正常人那样可以灵活地"随机应变"，设法顺利地去解决所遇到的困难，于是，就有可能形成一种习惯式的刻板的反应，在思想方法上僵化不变，在行为活动上表现为执拗地重复。这样的人若进一步对他仔细地了解，就会发现很有可能他从幼时起就"死心眼"。遇事爱钻牛角尖，转不过弯来，致使他的神经活动过程很不灵活。对于这样的人，应该因势利导地使他们变成一个性格坚毅的人，最好的办法就是让他们找到一个真正值得为之奋斗的目标。

对于观念固执的人，主要是通过心理治疗和疏导，纠正他们错误的认识，打破他们固执的观念。

婚姻适应不良：对婚后生活感到不够理想

人们进入中年之后，似乎身上的担子更重了，各种各样的压力纷至沓来。除去工作、人际交往方面的压力，中年人在家庭、婚姻中也面临着矛盾和压力。中年人在家庭生活中既要扮演丈夫或妻子的角色，又要扮演父亲或母亲的角色。有的人由于对婚姻的准备不够充分，对婚后生活感到不够理想，甚至感到失望，以致矛盾迭出。即使婚前双方对家庭生活各方面都有所了解，并有充分的计划，但现实生活中往往会有未能预料的事情发生，使原定计划不能如愿进行。这都急需适应能力和面对现实的勇气。

我国中年夫妇的离婚率虽很低，但确有 16% 的夫妇婚姻不睦。有的夫妇事无巨细见面就争吵；有的恰好相反，无论什么事都不争吵，彼此客客气气，实际上貌合神离，同床异梦；有的夫妇婚姻关系只存有一纸结婚证，分居两处，互不往来，十分冷淡。这些不协调的夫妻关系的共同特点就是，缺乏真正的爱情和相同的志趣，思想格格不入，互不交流情感，认识上也存在差

距，很少有灵肉交融的性生活，有的则干脆分居，至少有 50% 的夫妻离婚是从分居开始的。

中年人婚姻适应不良，有的要追溯到年轻时双方或一方的恋爱动机。源于功利主义者必然导致夫妻关系冷漠，以性魅力或肉欲为目标的婚姻在早年就植入了中年夫妻失和的祸根，当然也有由于性生活不和谐以致相互吸引力降低，长此以往也会导致危及婚姻关系的夫妻不睦。

中年夫妻婚姻适应不良的危害性是显著的，首先，夫妻之间由于长期对立、纷争，会给身心健康造成像 X 光一样肉眼看不见却长期持续的损害。更严重的是，家庭内部无休止的争吵与冲突会使孩子幼小的心灵受到伤害。对孩子的性情及整个精神生活都是一种灾难。

离婚是夫妻婚姻适应不良的不幸结局，但离婚后的现实生活也不一定都是自由和欢乐的。因离婚而蒙受精神创伤的人，可能出现反应性抑郁，不少人借酒浇愁，醉生梦死，因此而自杀者也不乏其人。

中年人如何进行婚姻维护？通过调查发现，目前我国大多数中年人的婚姻顺利，所组成的家庭也是美满的，且绝大多数人在二三十岁时就已完成了这一使命。中年的婚姻关系经历了新婚燕尔的狂热期，情感生活的持续调适期，养儿育女的移情期，终于进入夫妻相互眷恋而亲昵的深沉期。大多数夫妇的婚姻关系和睦而稳定，这对中年夫妇的健康和长寿起到了积极的作用。

那么，怎样才能维持美满的婚姻和理想的家庭呢？

（1）必须认真对待婚姻中的爱情问题。婚姻中最重要的是爱情，爱情是不能附加任何条件的，尊重和友谊是爱情的基础，只有这样才能"相敬如宾"。

（2）要保持婚姻生活的新鲜与活力。保持婚姻生活的新鲜和活力，才能防止产生"爱情厌倦"心理。

（3）要将赞美挂在嘴边。不要认为配偶的长处是应该具有的，而缺点是不可容忍的。而应使对方感到在生活中占有重要地位，双方都是对方的精神支柱，都是对方获得幸福的源泉，因此又何必吝啬你的赞美呢。

（4）提高各自的修养。努力提高各自在各方面的修养是保持吸引力的重要手段。夫妻既是一个共同生活的整体，又是两个独立的个体，只有双方共同提高，才能使婚姻稳固和谐。

此外，培养子女健康成长也是使家庭幸福、婚姻美满的条件。孩子的健康成长往往是父母双方共同努力的结果，会让父母对孩子、对家庭、对自己都产生成就感，从而维系美满的婚姻。

职业适应问题：在工作场所感受到的压力和挫折

在市场经济化的今天，只有从事一定的职业才能获得酬劳，从而维持个人或家庭的生存，同时，从事工作也可以使人感到自我价值的实现，满足人的精神需要。现代社会，想取得某些事业的成功是件很艰难的事，这使人失望沮丧，因此有不少人"干一行怨一行"。

心理学家经过研究发现，有三大因素有助于人的敬业乐业精神：

（1）客观的工作环境（包括社会环境和物质环境），包括领导者的才能、同事间的合作、对工作成绩赏罚标准的公平合理等社会环境，工作场所的舒适、必要的设备工具、个人生活条件的方便等。如果个人满意自己的工作环境，则能产生对工作的安

全感，提高工作效率。

（2）主观的自我实现。工作有深度，对个人能力是一种挑战，个人可全力以赴，施展才能，达到自我实现而获得成就感。

（3）职业的未来展望。由工作中获得的经验、成就随工作表现而提高，责任随成就而加重，所得物质报酬及社会地位也随之升迁。这样才能使人觉得有希望、有前途，才能兢兢业业地工作。

虽然大部分中年人都拥有就业机会，但是完全适合自己的职业是不容易找到的。办公自动化的出现使人的体力负担有所减轻，但是工作变得呆板，个人不过是整体工作过程中的一个环节。由于工作缺乏艺术性，使得从业者缺乏兴趣与成就感，这是物质文明进步所产生的负面影响，它使人们对工作的内在动力有所减弱。"大锅饭"阻碍了个人奋勇进取的事业心，职业选择也难以做到学以致用、扬长避短，以及无法完全考虑到个人的性格、气质、志趣、能力和体质的差别，因此，中年人会出现对职业、职位的心理上的不适应。

中年人在工作场所感受到的压力和挫折，有些源于自身的性格弱点，有些源于年青一代的对立与威胁，有些源于客观工作环境或组织功能的压力，这常使中年人表现出沮丧与焦虑。成年累月的疲劳，中年人常常出现身体生理状态的失调，易产生焦虑、抑郁和早期衰老等疾病。

病例：雷女士，37岁，在公交公司当售票员。两年前离婚，半年前与另一离异男士结合后，丈夫觉得她每天早出晚归很辛苦，就请人帮忙将她调到一家企业管理后勤，工作近3个月，仍感到不适应，老是觉得还是原来的工作好。她常抱怨："现在就收收信，发发报纸，实在无聊，回家后吃饭也不香，觉也睡不好！"几次向丈夫提出要求调回原单位，丈夫认为她精神出了毛病，放着轻松的差事不干，却专拣重活累活干。因雷女士始终闹着要回原单位，其丈夫与她发生了多次争吵。

一位略懂心理医学的同事建议雷女士到心理诊所来咨询，于是其丈夫陪同她一起去了心理诊所，想让心理医生帮助她，开导她，让她继续留在那家企业。

雷女士属于职业适应不良。是一种心理问题。可采用疏导疗法，使患者矫正心理偏差。心理医生与雷女士作了四次交谈，着重向她做了如下分析、开导：

一个人从出生到老，会遇到许多适应问题，例如，胎儿刚离开温暖的母体，光、冷的刺激，他不适应就啼哭了；刚进幼儿园孩子不适应又要哭；直到老年，从工作岗位上退下来，也有许多人适应不良。所以适应不良，比比皆是，不足为怪，仅凭这点，不能说是精神病，只可谓心理问题。

一个人能否适应新的环境，有的因客观困难，有的因主观问题，更多的是主客观方面都有原因。而其能否适应，多与家庭教育、社会环境有关。

你在公交集团工作多年，已适应了售票员这一职业，而且对这一职业有了很深的感情，当你离开原来的工作岗位，突然到一个没什么事可干的工作岗位，你当然感到不能适应。

在雷女士对自己的心理问题有了一定认识之后，心理医生进一步启发她：不同的工作岗位都需要人，并不仅限你原先所在的单位。你走了，也为其他一些工人提供了就业的机会。另一方面，现单位有了你做好后勤工作，单位上的人也可全心全意干好分内的事，对大家都有益处。

雷女士经过为期三周、每周两次的开导，慢慢地适应了现在的工作环境。

存有职业适应困难的中年人，一般经过疏导疗法，提高其认识之后，患者能够很快在短期内适应工作。

老年焦虑症：一种
紧张不安带有恐惧性的情绪状态

中国已经开始逐步进入老龄化社会，老年人的心理问题也开始得到社会的关注。由于特殊的社会伦理和社会心理，老年焦虑症已经成为困扰老年人的重要心理疾病之一。尤其是城市中，经常看到有些老年人心烦意乱，坐卧不安，有的为一点小事而提心吊胆，紧张恐惧。这种现象在心理学上叫作焦虑，严重者称为焦虑症。

焦虑是个体由于达不到目标或不能克服障碍的威胁，致使自尊心或自信心受挫，或使失败感、内疚感增加，所形成的一种紧张不安带有恐惧性的情绪状态。一般而言，焦虑可分为三大类：

（1）现实性或客观性焦虑。如爷爷渴望心爱的孙子考上重点大学，孙子目前正在加紧复习功课，在考试前爷爷显得非常焦急和烦躁。

（2）神经过敏性焦虑。即不仅对特殊的事物或情境发生焦虑性反应，而且对任何情况都可能发生焦虑反应。它是由心理、社会因素诱发的忧心忡忡、挫折感、失败感和自尊心的严重损伤而引起的。

（3）道德性焦虑。即由于违背社会道德标准，在社会要求和自我表现发生冲突时，引起的内疚感所产生的情绪反应。有的老年人因为自己的行为不符合自我理想的标准而受到良心的谴责。如自己本来是一位受人尊敬的老人，但在大街上看到歹徒行凶时因为自己年老体衰，势单力薄，害怕受到伤害而没有上前制止，回来后，感到自己做了不光彩的事，对此深感内疚，继而不断自责。

焦虑心理如果达到较严重的程度，就成了焦虑症，又称焦虑性神经官能症。焦虑症是以焦虑为中心症状，呈急性发作形式或慢性持续状态，并伴有自主神经功能紊乱为特征的一种神经官能症。

老年焦虑症的类型

老年焦虑症有一般焦虑症所没有的特点，而且人们往往忽略这种心理疾病，而把原因归结到一些器质性疾病中去。

一般来讲，老年焦虑症可分为急性焦虑和慢性焦虑两大类：

急性焦虑主要表现为急性惊恐发作。患者常突然感到内心焦灼、紧张、惊恐、激动或有一种不舒适感觉，由此而产生牵连观念、妄想和幻觉，有时有轻度意识迷惘。急性焦虑发作一般可以持续几分钟或几小时。病程一般不长，经过一段时间后会逐渐趋于缓解。

慢性焦虑症的焦虑情绪可以持续较长时间，其焦虑程度也时有波动。老年慢性焦虑症一般表现为平时比较敏感、易激怒，生活中稍有不如意的事就心烦意乱，注意力不集中，有时会生闷气、发脾气等。

老年焦虑症的防治

（1）要有一个良好的心态。老年人对自己的一生所走过的道路要有满足感，对退休后的生活要有适应感，不要老是追悔过去，埋怨自己当初这也不该，那也不该。理智的老年人是不会注意过去留下的脚印，而注重开拓现实的道路。

（2）自我放松。当你感到焦虑不安时，可以运用自我意识放松的方法来进行调节，具体来说，就是有意识地在行为上表现得快活、轻松和自信。比如说，可以端坐不动，闭上双眼，然后开始向自己下达指令："头部放松，颈部放松……"直至四肢、手指、脚趾放松。运用意识的力量使自己全身放松，处在一个松和静的状态中，随着周身的放松，焦虑心理可以慢慢得到平缓。

另外还可以运用视觉放松法来消除焦虑，如闭上双眼，在脑海中创造一个优美恬静的环境，想象在大海岸边，波涛阵阵，鱼儿不断跃出水面，海鸥在天空飞翔，你光着脚丫，走在凉丝丝的海滩上，海风轻轻地拂着你的面颊……

（3）自我疏导。轻微焦虑的消除，主要是依靠个人，当出现焦虑时，首先要意识到这是焦虑心理，要正视它，不要用自认为合理的其他理由来掩饰它的存在。其次要树立起消除焦虑心理的信心，充分调动主观能动性，运用注意力转移的方法，及时消除焦虑。当你的注意力转移到新的事物上去时，心理上产生的新的体验有可能驱逐和取代焦虑心理，这是人们常用的一种方法。

（4）药物治疗。如果焦虑过于严重时，还可以遵照医嘱，选服一些抗焦虑的药物，如利眠宁、多虑平等，但最主要的还是要靠心理调节。也可以通过心理咨询来寻求他人的开导，以尽快恢复。如果患了比较严重的焦虑症，则应向心理学专家或有关医生进行咨询，弄清病因、病理机制，然后通过心理治疗，逐渐消除引起焦虑的内心矛盾和可能有关的因素，解除对焦虑发作所产生的恐惧心理和精神负担。

离退休综合征：情绪上
的消沉和偏离常态的行为

颜老是某重点中学校长，在自己的岗位上工作了几十年，既紧张忙碌，又有一定的生活规律，并形成了固定的生活模式和心理定式。退休后，周围的生活环境发生了变化，原有的生活节律被打乱，一时又无事可做，对于这些变化难以适应，于是就出现了情绪上的消沉和偏离常态的行为，甚至因此而引发其他疾病，严重影响到自身健康。我们把这种现象称作老年人"离退休综合征"。

所谓离退休综合征是指老年人由于离退休后不能适应新的社会角色、生活环境和生活方式的变化而出现的焦虑、抑郁、悲哀、恐惧等消极情绪，或因此产生偏离常态的行为的一种适应性的心理障碍，这种心理障碍往往还会引发其他生理疾病，影响身体健康。

据统计，1/4 的离退休人员会出现不同程度的离退休综合征。老年人的离退休综合征是一种复杂的心理异常反应，主要表现在情绪和行为方面。患者一般会出现以下症状：性情变化明显，要么闷闷不乐、郁郁寡欢、不言不语，要么急躁易怒、坐立不安、唠唠叨叨；行为反复，或无所适从；注意力不能集中，做事经常出错；对现实不满，容易怀旧，并产生偏见。总之，其行为举止明显不同于以往，给人的印象是离退休前后判若两人。这种性情和行为方面的改变往往可以引起一些疾病的发生，原来身体健康的人会萌生某些疾病，原来有慢性病的则会加重病情。有心理学者曾对某市 20 位同一年从处级岗位上退下来的干部进行追踪调查，结果发现，这些退休时身体并无大碍的老年人，两年内竟有五位去世，还有六位重病缠身。可见，离退休真是一道"事故多发"的坎。

离退休综合征的原因

导致离退休综合征的原因是多方面的：

（1）退休后，生活模式的改变引起心理上的不适应。离退休以后由于职业生活和个人兴趣发生了很大变化，从长期紧张而规律的职业生活，突然转到无规律、懈怠的离退休生活，难以适应而产生焦虑、无所适从，有一种失落感，有的认为自己精力充沛、壮志未酬，完全能胜任原工作，现在让退下来就会产生失落感，还可有轻度抑郁，认为自己被遗弃，无精打采，悲观，失

眠。特别是沉湎于辉煌的过去，为消逝的美好时光而遗憾，即产生抑郁。

（2）缺乏思想准备，不能妥善地安排空闲时间，或体力下降、疾病缠身、行动不便等加重障碍。

（3）退休后体力和脑力活动减少，社交活动减少，生活单调，易产生心理老化的感受，这加速了生理衰老进程，容易使人产生忧郁、焦虑、死亡来临的惊恐、疑病心理等。

（4）由于离退休以后原来的生活节奏被打乱，活动减少，可出现失眠、头痛、头晕、疲乏、无力及心慌等神经症综合征。

离退休综合征的表现

患有离退休综合征者，主要表现为坐卧不安、行为重复、犹豫不决，不知干什么好，甚至出现强迫性定向行为；注意力不能集中，做事经常出错；性情变化明显，易急躁和发脾气，对任何事情都不满意，总是怀旧；易猜疑和产生偏见；情绪忧郁、失眠、多梦、心悸、阵发性全身燥热等。

一般说来，事业心强、好胜而善争辩、严谨而偏激、固执己见的人发病率较高；无心理准备而突然退下来的人发病率高且症状偏重；平时活动范围大而爱好广泛的人很少患病。女性较男性适应快，较少出现离退休综合征。

记忆障碍：通常是自然衰老的现象

生活中我们常常看到这样的现象：一位老人将他的老花镜摘下来放在书柜边去上厕所，等他从厕所回来，他却四处找眼镜。他已经忘记了刚才把眼镜放在哪里了。这在老年人中是常见的。

老年记忆障碍通常是自然衰老的现象。老人对陈年往事能记忆犹新，而对新近接触的事物或学习的知识却忘得快，尤其人名、地名、数字等没有特殊含义或难以引起联想的东西。生活中，老年人记忆障碍往往带来诸多不便，如烧开水后忘了关火；刚介绍过的客人的名字转眼就叫不出；把门关上才想起没带钥匙；老花镜架在额头上还到处找等。这些总令老人感到苦恼不安。

据统计，70 岁健康老人的脑细胞数量要比 20 岁健康年轻人减少 15%，脑的重量也减轻 8%～9%；周围神经传导速度减慢 10%，视力下降，视力超过 0.6 的只有 51.4%。这些都会在一定程度上影响记忆力。这些自然衰退，使老年人一方面要为回忆某人、某事、某日期比过去耗费更多的注意力和时间，另一方面使他们要记住重要事情的能力大大下降，所以老年人总是表现得那么"健忘"。

老年人记忆的特点

（1）从记忆过程来看。瞬时记忆（保持 1~2 秒的记忆）随年老而减退，短时记忆变化较小，老年人的记忆衰退主要是长时记忆研究发现，老人对年轻时发生的事往往记忆犹新，对中年之事的回忆能力也较好，而仅对进入老年后发生的事遗忘较快，经常记忆事实混乱，情节支离破碎，甚至张冠李戴。

（2）从记忆内容来看。老年人的意义识记（即在理解基础上的记忆）保持较好，而机械识记（靠死记硬背的记忆）减退较快。例如，老人对于地名、人名、数字等属于机械识记的内容的记忆效果就不佳。

（3）从再认活动来看。老年人的再认活动（当所记对象再次出现时能够认出来的记忆）保持较好，而再现活动（让所记对象在头脑中呈现出来的记忆）则明显减退。

由此可见，老年人的记忆衰退并不是全面的，而是部分衰退，主要是长时记忆、机械记忆和再现记忆衰退得较快。

以美国前总统里根为例，他在晚年时患有严重的老年痴呆症，记忆力急剧下降。当他的养子去探望他时，里根常想不起养子的名字，只有当他知道养子是谁时，才紧紧地拥抱养子。里根对他的护士说，他觉得前来探望他的前国务卿舒尔茨好像是一个大名鼎鼎的人物，但又记不起他叫什么名字。里根的这一系列表现说明，老年人记忆力的减退主要是信息提取过程和再现能力的减弱，而识记的信息事实上仍然可以很好地保持或储存在大脑中。根据以上生理规律，如果能够经常提醒老人回忆往事，是有助于减缓记忆力的衰退速度的。

睡眠障碍：常感到睡后不解乏，精神不振

老年人睡眠的质和量均较年轻时有了很大下降。他们睡眠减少，睡眠浅，易惊醒，有的还入睡困难、早醒；睡眠模式不稳定，极易受外界环境变化的影响，如某些心理因素（亲人亡故带来的悲伤等），环境噪声的干扰；也易受体内环境的影响，某些躯体疾病如感冒、气管炎、关节炎、慢性疼痛、肾功能不全所致的夜尿增多，或精神障碍如抑郁症，生物钟紊乱，对催眠药物的依赖等。

有学者研究发现，老人在睡眠过程中的自然醒转情况要比年轻人多，且男性超过女性。许多老人常感到睡后不解乏，精神不振，整日昏昏欲睡。老人还有睡眠过多或睡眠倒错现象，晚上不能入睡，到处乱走或做些无目的的事，甚至吵闹不安，但白天则嗜睡，精神萎靡。这些都是脑功能自然衰退的标志。

老年睡眠障碍的类型

老年人的睡眠障碍主要包括三种类型。

第一种为非病态睡眠障碍，例如，个体进入老年期后，睡眠随年龄增长而逐渐减少；或者旅行时由于时差而使睡眠时间减少；或者因更换睡眠环境而产生的境遇性睡眠障碍等，这些仅引起较少和短暂的主观不适。

第二种是病态假性睡眠障碍，指个体持续一周以上有睡眠时间明显减少的主观体验，而实际睡眠时间并无减少，因而又称缺乏睡眠障碍。

第三种为病态真性睡眠障碍，包括入睡困难、易醒和早醒等表现。入睡困难指入睡所需的时间比平时多一小时以上，易醒是指在睡眠过程中比平时觉醒次数多，且不能很快再入睡，早醒指比平时提前醒来一小时以上。

老年睡眠障碍的病因

生理、心理因素及环境的变化等都会引起睡眠障碍。

（1）生理因素。老年人因患某些慢性病而出现疼痛、瘙痒、咳嗽、气喘、尿频、吐泻等症状会引致睡眠障碍；服用兴奋剂，或长时间服用安眠药停药后也会影响睡眠质量。

（2）心理因素。老年人由于心理承受能力越来越弱，遇事不能调整好心态就会产生消极情绪，老年抑郁症、疑病症等精神疾病都伴有不同程度的睡眠障碍。

（3）生活或客观环境的变化。例如，睡前吸饮过多烟酒、喝过浓的茶或咖啡，睡前过饱、饥饿或口渴，外出旅游、时差反应，噪声、气温变化等，加上老年人生理功能日衰，对外界适应能力趋弱，因而容易出现睡眠障碍。